オールカラー

# 産地別
# 日本の化石650選

本でみる化石博物館・新館

## 大八木和久
Kazuhisa Oyagi

シロモジ？　壱岐島［長崎県］

築地書館

## 本書の手引き

1. 『産地別 日本の化石650選』は，できる限り日本産の化石を網羅するために『産地別 日本の化石 800選——本でみる化石博物館』(以下『800選』)の新館としてつくられたものです。

　初心者を含めた化石の愛好家が，野外での採集方法や室内でのクリーニングの方法，種類の特定，整理の方法などで実際に役立つようにつくられています。したがって，厳密な種類の同定を目的としたものではないことをお断りしておきます。

　また，化石の標本だけでなく，産地の様子や産出状況，採集風景，クリーニングの様子や標本の拡大写真も豊富に展示し，できるだけ多くの「目で見る情報」を提供し，実際に役に立つよう心がけました。

2. 標本は『800選』の編集以後に収集されたものがほとんどで，全国偏りなく収集活動を行いました。しかしながら，すべての産地を網羅することは不可能で，産地や時代，種類の偏りがあることをお断りしておきます。

3. 種の選定にあたっては，すでに『800選』で展示されているものでも，それ以上に保存の良い標本が得られたものについては重複して展示しています。また，新しい産地のものについては，美しさや珍しさにこだわらず，できるだけたくさんの種類を展示することにしました。

4. 展示の配列は，大別を地方別とすることを踏襲し，さらに時代別の産地別，そしてそこから産出する化石を種類別としました。

　なお，三重県と福井県嶺南地方は地理的なことを考慮して近畿地方に含めました。福井県のその他の地域は中部・北陸地方に含めました。

5. 化石の名前については，同定用の展示ではないという立場で，一般的に和名が有名であるものについてはカタカナで和名を，学名が有名であるものについては属名のみをカタカナで表記しました。また，有名な化石で種まで判明している標本については，属名・種名もカタカナで表記しました。

　鮮新世以降の貝類化石と中新世以降の植物化石については，科名まで表記しました。これらの時代になると現生種の割合が多くなるため，現生の図鑑でも調べやすいようにしたものです。

　名前の不明なものについては，おおむね次のように表記しました。
　　※何科であるかは検討がつくが，属まではわからないもの……………何々の仲間，何々科の一種
　　※何科であるかもわからないもの………何々の類
　　※綱・目すら不明なもの……………………不明種

6. 標本の大きさについては，実数値を表記しました。表記の仕方はおおむね次のようにしました。
　　※巻き貝については通常〈高さ＊＊cm〉としました。ただし，ツメタガイやヤツシロガイのような丸い形のものについては〈径，あるいは長径＊＊cm〉としたものもあります。
　　※二枚貝については通常〈長さ＊＊cm〉と表記しましたが，これは普通左右の長さを指します。
　　※二枚貝でも，縦長のものについては〈高さ＊＊cm〉と表記しました。イタヤガイ科の仲間などが該当します。
　　※母岩の中に入った群集化石等は画面の範囲を表記したり，母岩の左右を表記しました。

7. 各標本にはクリーニングの難易度を示していますが，おおむね次のように解釈してください。

　　クリーニングの難易度　5段階
　　A ほとんど困難，または不可能 ……まったく分離しなかったり，硬すぎてタガネが無力な場合です。
　　B 大変難しいが何とか可能 …………分離が悪い場合や，母岩が硬かったりもろかったりする場合です。
　　C 慎重かつ丁寧に ……………………分離はするが，もろかったり傷つきやすかったりする場合です。
　　D 注意を要するが比較的簡単 ………分離しやすく，母岩も軟らかで扱いやすい場合です。
　　E ごく簡単，もしくは不要 …………母岩が砂や粘土のために簡単に分離したり，あるいは硬い石でできていて，水洗いだけですむ場合です。

8. 展示した化石の解説は，生物としての生態や形態よりも，化石の様子や産出状況などに重点を置き，採集時にフィールドで役に立つようにしました。

9. 展示の最後には，実際のフィールドで役に立つよう，全国の化石産地・産出化石一覧，採集装備なども掲示していますので利用してください。

　新館では，化石を展示している博物館のうち『800選』開館以降に新たにオープンしたもののみ掲載しました。『800選』の一覧と併せて利用してください。

# 目次

本書の手引き …………………………………………………………… 2

- ■北海道 ……………………………………………………………… 4
- ■東北 ………………………………………………………………… 22
- ■関東 ………………………………………………………………… 63
- ■中部・北陸 ………………………………………………………… 88
- ■近畿 ………………………………………………………………… 145
- ■中国・四国 ………………………………………………………… 192
- ■九州 ………………………………………………………………… 223

### 【採集とクリーニングのポイント】
1. バーチャルクリーニング ………………………………………… 97
2. 裏返しになった化石のクリーニング …………………………… 124
3. 化石の採集法 ……………………………………………………… 135
4. ノジュールの割り直し …………………………………………… 176
5. ツツガキの採集とクリーニング ………………………………… 201

### 付録
1. 地質時代と生き物の盛衰 ………………………………………… 242
2. 全国の主な化石産地・産出化石 ………………………………… 244
3. 新しくオープンした化石を展示している博物館 ……………… 264
4. 装備一覧表 ………………………………………………………… 265
5. 化石名索引 ………………………………………………………… 266

あとがき …………………………………………………………………… 271

# 北海道

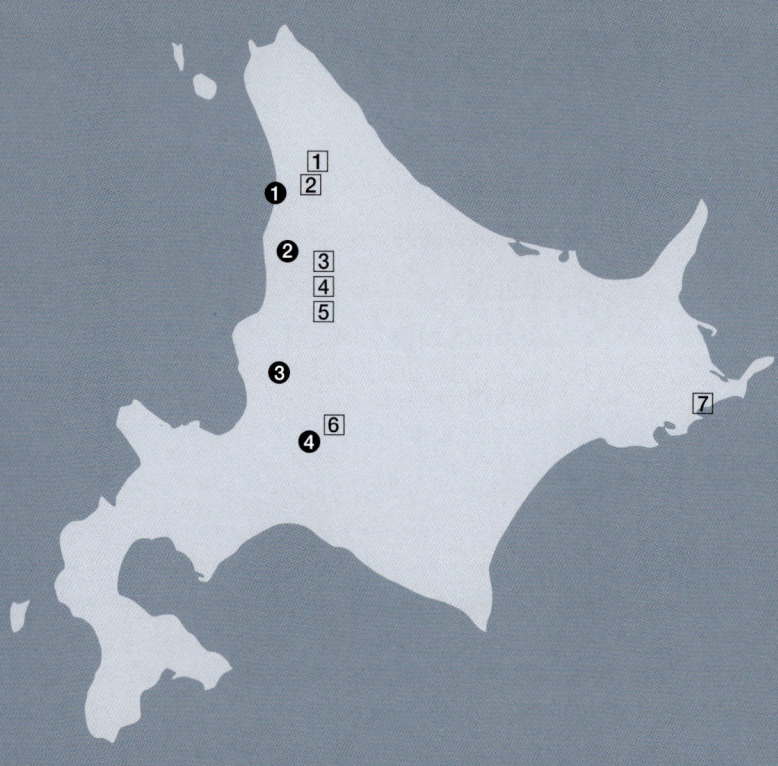

| 産地 | 地質時代 |
|---|---|
| 中生代 | |
| ① 北海道中川郡中川町安平志内川水系 | 白亜紀 |
| ② 北海道天塩郡遠別町ルベシ沢, ウッツ川 | 白亜紀 |
| ③ 北海道苫前郡羽幌町羽幌川水系 | 白亜紀 |
| ④ 北海道苫前郡苫前町古丹別川水系 | 白亜紀 |
| ⑤ 北海道留萌郡小平町小平蘂川水系 | 白亜紀 |
| ⑥ 北海道三笠市幾春別川 | 白亜紀 |
| ⑦ 北海道厚岸郡浜中町奔幌戸 | 白亜紀 |
| 新生代 | |
| ❶ 北海道苫前郡初山別村豊岬 | 第三紀中新世 |
| ❷ 北海道苫前郡羽幌町曙 | 第三紀中新世 |
| ❸ 北海道石狩郡当別町青山中央 | 第三紀中新世 |
| ❹ 北海道空知郡栗沢町美流渡 | 第三紀中新世 |

■メナイテス

| 分類：軟体動物頭足類 | 産地：北海道天塩郡遠別町ウッツ川 | 時代：白亜紀 |
|---|---|---|
| サイズ：径7cm | 母岩：泥質ノジュール | クリーニングの難易度：B |

◎この標本はメノウ化しているので，後ろから強い光をあてると透過する。非常に美しい標本だ。

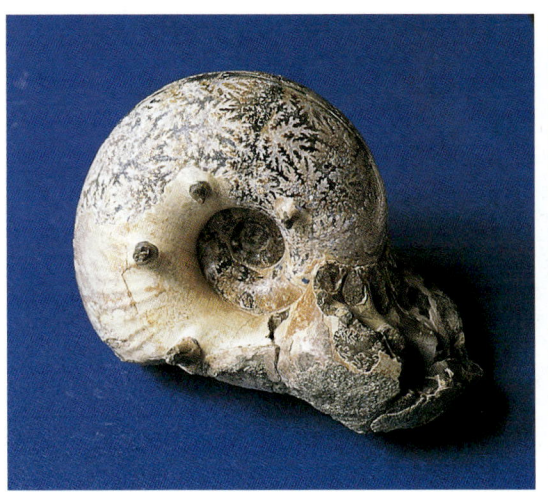

■メナイテス

| 分類：軟体動物頭足類 | 産地：北海道天塩郡遠別町ウッツ川 | 時代：白亜紀 |
|---|---|---|
| サイズ：径7cm | 母岩：泥質ノジュール | クリーニングの難易度：B |

◎棘に見えるのは棘の中の空洞部分にメノウが充填したものである。後に殻が風化して溶け，メノウの部分だけが残ったものだ。右は正面。

北海道 中生代

■カグラザメ（学名：ヘキサンカス）

| 分類：脊椎動物軟骨魚類 | 産地：北海道天塩郡遠別町ウッツ川 | 時代：白亜紀 |
| --- | --- | --- |
| サイズ：左右1.5cm | 母岩：泥質ノジュール | クリーニングの難易度：C |

◎清川林道ではサメの歯の産出は非常に珍しい。歯根は欠損している。

■材化石（不明種）

| 分類：植物樹幹 | 産地：北海道天塩郡遠別町ウッツ川 | 時代：白亜紀 |
| --- | --- | --- |
| サイズ：径4.6cm | 母岩：砂質泥岩 | クリーニングの難易度：E |

◎珪化木だが、珪化の度合いは小さく、炭化物が付着する。年輪は見られないが、材の質や表面の様子がよくわかる。地層から直接産出。

■フナクイムシ（学名：テレディナ）
| 分類：軟体動物斧足類 | |
|---|---|
| 産地：北海道中川郡中川町安川ペンケシップ沢 | |
| 時代：白亜紀 | サイズ：高さ1cm |
| 母岩：泥質ノジュール | クリーニングの難易度：D |

◎いわゆるフナクイムシである。まわりの茶色い部分は材化石。

■ゴードリセラス
| 分類：軟体動物頭足類 | |
|---|---|
| 産地：北海道中川郡中川町安川ペンケシップ沢 | |
| 時代：白亜紀 | サイズ：径9.5cm |
| 母岩：泥質ノジュール | クリーニングの難易度：C |

◎殻の中が空洞になった標本。隔壁の様子がよくわかる。

■パキディスカス
| 分類：軟体動物頭足類 | 産地：北海道中川郡中川町安川ペンケシップ沢 | 時代：白亜紀 |
|---|---|---|
| サイズ：径6cm | 母岩：泥質ノジュール | クリーニングの難易度：C |

◎薄いビニールの皮膜でおおわれたような感じに見え、縫合線が非常に美しい。

■マダカスカリテス・リュウ
分類：軟体動物頭足類
産地：北海道中川郡中川町ワッカウェンベツ川
時代：白亜紀
サイズ：高さ約3.5cm
母岩：泥質ノジュール
クリーニングの難易度：B
◎形はニッポニテスの棘のついているタイプと思えばよい。(増田標本)

■ネオクリオセラス・スピンゲルム
分類：軟体動物頭足類
産地：北海道中川郡中川町炭ノ沢
時代：白亜紀
サイズ：径2.2cm
母岩：泥質ノジュール
クリーニングの難易度：B
◎非常にゆるく巻いた異常巻きで、棘が2列になって並んでいる。

北海道 中生代

■ハウエリセラス

| 分類：軟体動物頭足類 | 産地：北海道中川郡中川町安川ペンケシップ沢 | 時代：白亜紀 |
| --- | --- | --- |
| サイズ：径11cm | 母岩：泥質ノジュール | クリーニングの難易度：C |

◎ペンケシップ沢沿いを走る道道の路床から見つかったもの。ノジュールを割った直後はレモン色をしていたが、見る見るうちに変色し、こげ茶色に変わった。(新保標本)

中川町佐久から遠別町清川に抜ける峠にトンネルが掘られた。この工事でたくさんの化石が産出したが、トンネルは2002年春に開通して工事は終了した。

■イチョウの葉

| 分類：裸子植物イチョウ類 | |
| --- | --- |
| 産地：北海道中川郡中川町安川ペンケシップ沢 | |
| 時代：白亜紀 | サイズ：長さ4.5cm |
| 母岩：泥質ノジュール | クリーニングの難易度：D |

◎一見して普通のノジュールとは違う感じである。まさしくイチョウの葉で、その左下にはメソプゾシアが見える。

北海道 中生代

■ハイファントセラス
分類：軟体動物頭足類
産地：北海道苫前郡羽幌町逆川
時代：白亜紀　　サイズ：長さ6.5cm
母岩：泥質ノジュール　クリーニングの難易度：B
◎ゆるく螺旋状に巻き、小さなイボがいくつも並ぶ。

■ハイファントセラス
分類：軟体動物頭足類
産地：北海道苫前郡羽幌町中二股川
時代：白亜紀　　サイズ：長さ4.1cm
母岩：泥質ノジュール　クリーニングの難易度：B
◎はじめはまっすぐのびるが、しだいに螺旋状に巻いていく。

■魚鱗（不明種）
分類：脊椎動物硬骨魚類
産地：北海道苫前郡羽幌町羽幌川
時代：白亜紀　　サイズ：長さ0.4cm
母岩：泥質ノジュール　クリーニングの難易度：D
◎光鱗魚の鱗と思われる。

■ツノザメ（学名：スコーラス）
分類：脊椎動物軟骨魚類
産地：北海道苫前郡羽幌町逆川
時代：白亜紀　　サイズ：高さ0.2cm
母岩：泥質ノジュール　クリーニングの難易度：D
◎非常に小さな歯で、新生代ではよく見るタイプだ。

北海道 中生代

■フナクイムシ（学名：テレディナ）
| 分類：軟体動物斧足類 | |
|---|---|
| 産地：北海道苫前郡苫前町古丹別川 | |
| 時代：白亜紀 | サイズ：長さ1.2cm |
| 母岩：泥質ノジュール | クリーニングの難易度：C |

◎フナクイムシの本体化石である。巣穴の先端部分から産出した。

■フナクイムシ（学名：テレディナ）
| 分類：軟体動物斧足類 | |
|---|---|
| 産地：北海道苫前郡苫前町古丹別川 | |
| 時代：白亜紀 | サイズ：長さ1.2cm |
| 母岩：泥質ノジュール | クリーニングの難易度：C |

◎フナクイムシの巣穴の部分である。木の中で成長するため、入り口部分よりも先端部分のほうが太い。

■ポリプチコセラス
| 分類：軟体動物頭足類 | 産地：北海道苫前郡苫前町オンコ沢 | 時代：白亜紀 |
|---|---|---|
| サイズ：長さ1.8cm | 母岩：泥質ノジュール | クリーニングの難易度：B |

◎ポリプチコセラスの幼殻。発生初期の殻は巻いていることがわかる（➡の部分）。非常に珍しい標本で、繊細で慎重なクリーニングのたまものである。

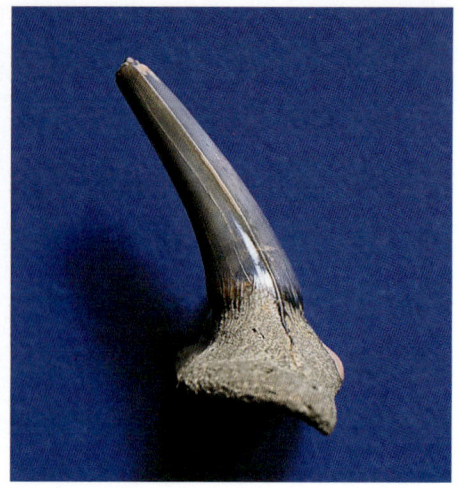

■サメの歯（不明種）

| 分類：脊椎動物軟骨魚類 | 産地：北海道苫前郡苫前町オンコ沢 | 時代：白亜紀 |
|---|---|---|
| サイズ：高さ2.5cm | 母岩：泥質ノジュール | クリーニングの難易度：B |

◎歯根が平らになった珍しい種類で、こんなタイプは見たことがない。酢酸で抽出した。右は側面。

■クレトラムナ

| 分類：脊椎動物軟骨魚類 | |
|---|---|
| 産地：北海道苫前郡苫前町古丹別川 | |
| 時代：白亜紀 | サイズ：高さ2cm |
| 母岩：泥質ノジュール | クリーニングの難易度：B |

◎ノジュールのはしっこから出てきたもの。標準的な形のクレトラムナだ。

■セコイアの毬果

| 分類：裸子植物毬果類 | |
|---|---|
| 産地：北海道苫前郡苫前町古丹別川 | |
| 時代：白亜紀 | サイズ：径1.6cm |
| 母岩：泥質ノジュール | クリーニングの難易度：A |

◎アンモナイトの横から出てきた毬果状の植物化石。鱗片が交互に生えているのでセコイアの仲間と思われる。

■ユーボストリコセラス
分類：軟体動物頭足類
産地：北海道留萌郡小平町小平蘂川
時代：白亜紀
サイズ：高さ4.5cm
母岩：泥質ノジュール
クリーニングの難易度：B
◎ゆるく螺旋状に巻いた異常巻きアンモナイト。

北海道 中生代

■アンモナイトの断面
分類：軟体動物頭足類
産地：北海道留萌郡小平町小平蘂川
時代：白亜紀　サイズ：径2.7cm
母岩：泥質ノジュール　クリーニングの難易度：C
◎ノジュールを割っているとうまい具合に隔壁の部分で分離することがある。これは1個体が隔壁のところで真半分に分離したもの。(フォッサマグナミュージアム所蔵)

■ノチダノドン
分類：脊椎動物軟骨魚類
産地：北海道留萌郡小平町小平蘂川
時代：白亜紀　サイズ：長さ3cm
母岩：泥質ノジュール　クリーニングの難易度：C
◎カグラザメの仲間。(増田標本)

北海道 中生代

■モミジソデガイ
| | |
|---|---|
| 分類：軟体動物腹足類 | |
| 産地：北海道三笠市幾春別川熊追沢 | |
| 時代：白亜紀 | サイズ：棘の長さ約4cm |
| 母岩：泥質ノジュール | クリーニングの難易度：B |

◎体層の横と下から三方向に長い棘が出ている。

浜中町奔幌戸の産地。2002年5月16日現在の産地の様子。年々浸食が進み、露頭は大きく後退した。

■二枚貝（不明種）
| | |
|---|---|
| 分類：軟体動物斧足類 | |
| 産地：北海道厚岸郡浜中町奔幌戸 | |
| 時代：白亜紀 | サイズ：長さ3cm |
| 母岩：礫岩 | クリーニングの難易度：D |

◎殻の後方は開いている。

■エリフィラ
| | |
|---|---|
| 分類：軟体動物斧足類 | |
| 産地：北海道厚岸郡浜中町奔幌戸 | |
| 時代：白亜紀 | サイズ：長さ4.5cm |
| 母岩：礫岩 | クリーニングの難易度：D |

◎白亜紀の代表的な二枚貝。

■アンモナイト（不明種）
| 分類：軟体動物頭足類 | |
| --- | --- |
| 産地：北海道厚岸郡浜中町奔幌戸 | |
| 時代：白亜紀 | サイズ：径5.2cm |
| 母岩：礫岩 | クリーニングの難易度：C |

◎奔幌戸からはゴードリセラス・ハマナカエンセしか産出しないと思っていたが、最近になって別の種類も確認されるようになった。

アンモナイトが見つかったところ。ここではノジュールではなくて、礫岩から直接産出するのが普通だ。

■アンモナイト（不明種）
分類：軟体動物頭足類
産地：北海道厚岸郡浜中町奔幌戸
時代：白亜紀
サイズ：長径15.8cm
母岩：礫岩
クリーニングの難易度：D

◎右上の化石を取り出したもの。奔幌戸では最大級の大きさで、しかもハマナカエンセ以外の種類だ。

北海道 新生代

■カシパンウニ

| 分類：棘皮動物ウニ類 | 産地：北海道苫前郡初山別村豊岬 | 時代：第三紀中新世 |
| --- | --- | --- |
| サイズ：母岩の左右20cm | 母岩：砂岩 | クリーニングの難易度：B |

◎砂岩中に密集して産出したカシパンウニだが、砂岩が非常に硬く、分離は偶然にまかせるしかない。

 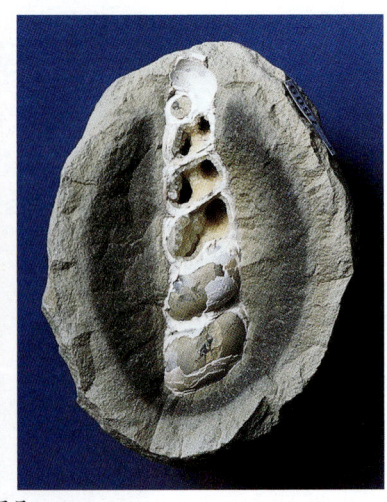

■カシパンウニ

| 分類：棘皮動物ウニ類 | |
| --- | --- |
| 産地：北海道苫前郡初山別村豊岬 | |
| 時代：第三紀中新世 | サイズ：径4.5cm |
| 母岩：砂岩 | クリーニングの難易度：B |

◎上の標本を拡大したもの。この個体だけがきれいに分離した。

■ツリテラ

| 分類：軟体動物腹足類 | |
| --- | --- |
| 産地：北海道苫前郡羽幌町曙 | |
| 時代：第三紀中新世 | サイズ：高さ5.5cm |
| 母岩：泥質ノジュール | クリーニングの難易度：B |

◎曙から産出するノジュールの中には、通常キララガイが入っているが、珍しくツリテラが産出した。

当別町青山中央の採石場。化石はそう多くないが、二枚貝や巻き貝が散在する。また、ノジュールの中にはウニの入っている確率が高い。

■ツキガイモドキ(学名：ルシノマ)
| 分類：軟体動物斧足類 | |
|---|---|
| 産地：北海道石狩郡当別町青山中央 | |
| 時代：第三紀中新世 | サイズ：長さ6cm |
| 母岩：泥岩 | クリーニングの難易度：C |

◎春先、青山中央の採石場に行くと崖下にこのような貝化石が転がっている。地層から直接出るものは壊れやすいし、ノジュール中のものは分離が悪い。

■オウナガイ
| 分類：軟体動物斧足類 | |
|---|---|
| 産地：北海道石狩郡当別町青山中央 | |
| 時代：第三紀中新世 | サイズ：長さ9cm |
| 母岩：泥岩 | クリーニングの難易度：C |

◎北海道の中新世からは比較的たくさん産出するオウナガイ。大きくてよくふくらんでいる。

北海道 新生代

■二枚貝（不明種）
| 分類：軟体動物斧足類 | |
| --- | --- |
| 産地：北海道石狩郡当別町青山中央 | |
| 時代：第三紀中新世 | サイズ：長さ5.5cm |
| 母岩：泥岩 | クリーニングの難易度：D |

◎マコマの仲間。

■エゾボラ
| 分類：軟体動物腹足類 | |
| --- | --- |
| 産地：北海道石狩郡当別町青山中央 | |
| 時代：第三紀中新世 | サイズ：高さ4.5cm |
| 母岩：泥岩 | クリーニングの難易度：D |

◎エゾボラの一種。ノジュールの中から産出したものではないので保存状態は今ひとつだ。

■タマガイ（学名：ユースピラ）
| 分類：軟体動物腹足類 | |
| --- | --- |
| 産地：北海道石狩郡当別町青山中央 | |
| 時代：第三紀中新世 | サイズ：左の高さ2.8cm |
| 母岩：泥岩 | クリーニングの難易度：D |

◎小型の巻き貝。

■フジツボ
| 分類：節足動物蔓脚類 | |
| --- | --- |
| 産地：北海道石狩郡当別町青山中央 | |
| 時代：第三紀中新世 | サイズ：径約3cm |
| 母岩：泥岩 | クリーニングの難易度：D |

◎フジツボは、死後、通常殻がバラバラに分離してしまうものだが、これは形を保っている。ただしこの標本は産出時に殻がはがれて印象となっている。

■ウニのノジュール（不明種）
| 分類：棘皮動物ウニ類 | |
|---|---|
| 産地：北海道石狩郡当別町青山中央 | |
| 時代：第三紀中新世 | サイズ：径9cm |
| 母岩：泥質ノジュール | クリーニングの難易度：C |

◎青山中央からはウニの化石がたくさん産出する。通常このように1個だけがノジュールとなり、ノジュールからはみ出た感じで産出する。

■ウニ（不明種）
| 分類：棘皮動物ウニ類 | |
|---|---|
| 産地：北海道石狩郡当別町青山中央 | |
| 時代：第三紀中新世 | サイズ：径8cm |
| 母岩：泥質ノジュール | クリーニングの難易度：C |

◎ノジュール中のウニを分離させたところ。オオブンブクの仲間か？　大きいものは長径が12cmにもなる。

■ウニの棘（不明種）
| 分類：棘皮動物ウニ類 | 産地：北海道石狩郡当別町青山中央 | 時代：第三紀中新世 |
|---|---|---|
| サイズ：棘の長さ約5mm | 母岩：泥質ノジュール | クリーニングの難易度：C |

◎殻の上に残された無数の棘。日本離れした標本だ。

北海道 新生代

栗沢町美流渡の地層からは無数のヒバリガイが密集して産出する。

■モディオルス・チカノウイッチー
| 分類：軟体動物斧足類 | |
|---|---|
| 産地：北海道空知郡栗沢町美流渡 | |
| 時代：第三紀中新世 | サイズ：大きいものの長さ7cm |
| 母岩：砂岩 | クリーニングの難易度：B |

◎ヒバリガイの一種。たくさん産出するが、きれいに分離するものは非常に少ない。

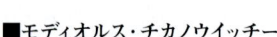
■モディオルス・チカノウイッチー
| 分類：軟体動物斧足類 | |
|---|---|
| 産地：北海道空知郡栗沢町美流渡 | |
| 時代：第三紀中新世 | サイズ：長さ8.6cm |
| 母岩：砂岩 | クリーニングの難易度：B |

◎通常6〜7cm程度の大きさだが、これは8cmをこえる大きな標本である。

■モディオルス・チカノウイッチー
| 分類：軟体動物斧足類 | |
|---|---|
| 産地：北海道空知郡栗沢町美流渡 | |
| 時代：第三紀中新世 | サイズ：長さ7.6cm |
| 母岩：砂岩 | クリーニングの難易度：B |

◎両殻で産出したヒバリガイ。ふくらみが強いので、二枚貝らしくない形状だ。

北海道　新生代

■二枚貝（不明種）
分類：軟体動物斧足類
産地：北海道空知郡栗沢町美流渡
時代：第三紀中新世　サイズ：長さ4cm
母岩：砂岩　クリーニングの難易度：C
◎ヒバリガイ以外の二枚貝も何種類か産出するが、殻の残っているものはほとんどない。

■二枚貝（不明種）
分類：軟体動物斧足類
産地：北海道空知郡栗沢町美流渡
時代：第三紀中新世　サイズ：長さ4.5cm
母岩：砂岩　クリーニングの難易度：C
◎マコマの仲間か？

■タマガイ（学名：ユースピラ）
分類：軟体動物腹足類
産地：北海道空知郡栗沢町美流渡
時代：第三紀中新世　サイズ：高さ1.5cm
母岩：砂岩　クリーニングの難易度：D
◎巻き貝類はタマガイのみ産出した。殻は溶けて残っていない。

■ウニ（不明種）
分類：棘皮動物ウニ類
産地：北海道空知郡栗沢町美流渡
時代：第三紀中新世　サイズ：径2.3cm
母岩：砂岩　クリーニングの難易度：D
◎小型のウニが普通に産出する。カシパンウニの仲間か？

# 東北

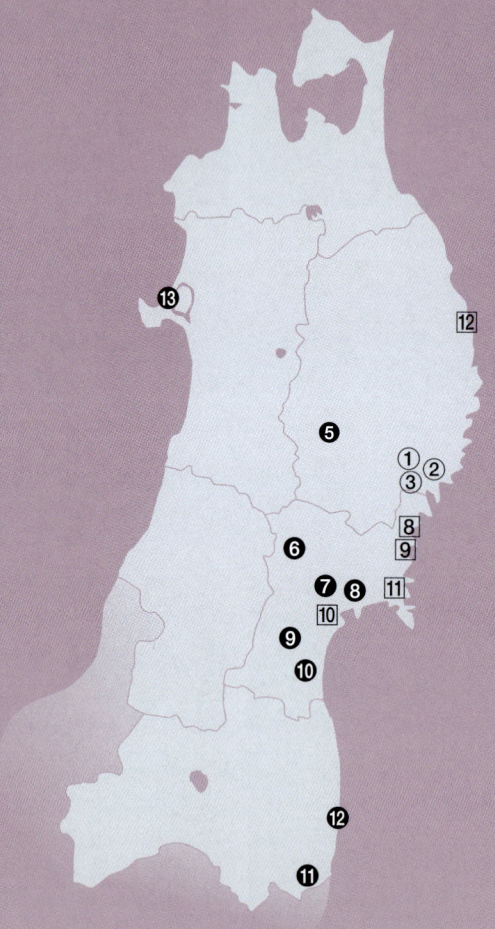

| 産地 | 地質時代 |
|---|---|
| 古生代 | |
| ① 岩手県気仙郡住田町下有住 | シルル紀 |
| ② 岩手県大船渡市日頃市町 | デボン紀・石炭紀 |
| ③ 岩手県陸前高田市飯森 | ペルム紀 |
| 中生代 | |
| ⑧ 宮城県本吉郡本吉町日門, 大沢海岸 | 三畳紀 |
| ⑨ 宮城県本吉郡志津川町細浦 | 三畳紀 |
| ⑩ 宮城県宮城郡利府町赤沼 | 三畳紀 |
| ⑪ 宮城県桃生郡北上町追波 | ジュラ紀 |
| ⑫ 岩手県下閉伊郡田野畑村明戸 | 白亜紀 |

| 産地 | 地質時代 |
|---|---|
| 新生代 | |
| ⑤ 岩手県北上市和賀町 | 第三紀中新世 |
| ⑥ 宮城県加美郡宮崎町寒風沢 | 第三紀中新世 |
| ⑦ 宮城県黒川郡大和町鶴巣 | 第三紀中新世 |
| ⑧ 宮城県遠田郡涌谷町 | 第三紀中新世 |
| ⑨ 宮城県柴田郡川崎町碁石川 | 第三紀中新世 |
| ⑩ 宮城県亘理郡亘理町神宮寺 | 第三紀中新世 |
| ⑪ 福島県いわき市常磐藤原町 | 第三紀中新世 |
| ⑫ 福島県双葉郡富岡町小良ヶ浜 | 第三紀鮮新世 |
| ⑬ 秋田県男鹿市琴川安田海岸 | 第四紀更新世 |

■クサリサンゴ
分類：腔腸動物床板サンゴ類
産地：岩手県気仙郡住田町下有住奥火の土
時代：シルル紀　　　サイズ：画面の左右5cm
母岩：石灰岩　　　　クリーニングの難易度：E
◎東北地方では珍しいクサリサンゴ。規模は小さいがシルル紀の地層が点々と分布する。(宮崎標本)

大船渡市日頃市町大森の北斜面につくられた林道。この道路の崖からデボン紀の地層が現れた。

■ヘリオリテス
| 分類：腔腸動物床板サンゴ類 | 産地：岩手県大船渡市日頃市町大森 | 時代：デボン紀 |
| --- | --- | --- |
| サイズ：画面の左右4cm | 母岩：頁岩 | クリーニングの難易度：E |

◎頁岩の中に現れた日石サンゴの表面印象。三葉虫や腕足類ばかり注目されるので見過ごされやすい。

23

地層の表面に現れた漣痕。古生代のものは珍しく、日本でいちばん古いものではないだろうか。

■キマトシリス
| | |
|---|---|
| 分類：腕足動物有関節類 | |
| 産地：岩手県大船渡市日頃市町大森 | |
| 時代：デボン紀 | サイズ：左右4.5cm |
| 母岩：頁岩 | クリーニングの難易度：E |

◎スピリファーの仲間。

■アカントピゲ
分類：節足動物三葉虫類
産地：岩手県大船渡市日頃市町大森
時代：デボン紀
サイズ：大きいほうの長さ1.1cm
母岩：頁岩
クリーニングの難易度：B

◎珍しいタイプの三葉虫。尾部が2つ並んでいる。（増田標本）

■ファコプス
分類：節足動物三葉虫類
産地：岩手県大船渡市日頃市町大森
時代：デボン紀　　サイズ：画面の左右6cm
母岩：頁岩　　　　クリーニングの難易度：B
◎頭部と尾部の化石だが、硬いうえに節理がはなはだしく、クリーニングは難しい。

■ファコプス
分類：節足動物三葉虫類
産地：岩手県大船渡市日頃市町大森
時代：デボン紀　　サイズ：長さ1.8cm
母岩：頁岩　　　　クリーニングの難易度：B
◎尾部の化石。比較的産出は多い。

■甲冑魚の鰭（不明種）
分類：脊椎動物硬骨魚類
産地：岩手県大船渡市日頃市町樋口沢
時代：デボン紀
サイズ：長さ2cm
母岩：頁岩
クリーニングの難易度：C
◎甲冑魚の鰭で、非常に珍しい標本。（増田標本）

■腕足類（不明種）
分類：腕足動物有関節類
産地：岩手県大船渡市日頃市町鬼丸
時代：石炭紀　　　サイズ：高さ6cm
母岩：珪質頁岩　　クリーニングの難易度：B
◎非常に硬い石だが、うまく分離するとこのような大型の腕足類もきれいに出ることがある。

■レプタゴニア
分類：腕足動物有関節類
産地：岩手県大船渡市日頃市町鬼丸
時代：石炭紀　　　サイズ：左右7.5cm
母岩：珪質頁岩　　クリーニングの難易度：B
◎大型で、平べったいタイプの腕足類。

■ゴニアタイト
分類：軟体動物頭足類
産地：岩手県大船渡市日頃市町鬼丸
時代：石炭紀　　　サイズ：径6cm
母岩：珪質頁岩　　クリーニングの難易度：C
◎形状からゴニアタイトの一種と思われる。

■直角石（不明種）
分類：軟体動物頭足類
産地：岩手県大船渡市日頃市町鬼丸
時代：石炭紀　　　サイズ：長さ6cm
母岩：珪質頁岩　　クリーニングの難易度：C
◎ぺしゃんこにつぶれているが、かろうじて隔壁が確認され、直角石であることがわかる。（吉田標本）

東北 古生代

■ユーオンファルス
分類：軟体動物腹足類
産地：岩手県大船渡市日頃市町長安寺
時代：石炭紀　　サイズ：径4.5cm
母岩：珪質頁岩　　クリーニングの難易度：B
◎平巻きの巻き貝。印象化石。

■リンガフィリップシア
分類：節足動物三葉虫類
産地：岩手県大船渡市日頃市町長安寺
時代：石炭紀　　サイズ：長さ2.5cm
母岩：珪質頁岩　　クリーニングの難易度：B
◎完全体の三葉虫。護岸工事の際に産出したもので、他にもたくさん産出したものと思われる。(増田標本)

大船渡市日頃市町長安寺を流れる小川の横の崖が削られた。たくさんの化石が産出したが、これで1つ産地が消滅した。

■レプトダス
分類：腕足動物有関節類
産地：岩手県陸前高田市飯森
時代：ペルム紀
サイズ：高さ8.5cm
母岩：頁岩
クリーニングの難易度：B
◎内形の印象化石。レプトダスとしては巨大な標本。

■所属不明種
| 分類：所属不明 | |
| --- | --- |
| 産地：岩手県陸前高田市飯森 | |
| 時代：ペルム紀 | サイズ：長さ4.1cm |
| 母岩：頁岩 | クリーニングの難易度：B |

◎一見すると二枚貝のようにも見えるが、内形に残された模様を見るとそうでないようにも見え、不明である。

■アンヌリコンカの一種
| 分類：軟体動物斧足類 | |
| --- | --- |
| 産地：岩手県陸前高田市飯森 | |
| 時代：ペルム紀 | サイズ：高さ1.8cm |
| 母岩：頁岩 | クリーニングの難易度：C |

◎外形の印象化石。アビキュロペクテンの一種。

■タイノセラス

| 分類:軟体動物頭足類 | 産地:岩手県陸前高田市飯森 | 時代:ペルム紀 |
|---|---|---|
| サイズ:径約7cm | 母岩:頁岩 | クリーニングの難易度:B |

◎オウムガイの一種。(増田標本)

■フーディセラス

| 分類:軟体動物頭足類 | 産地:岩手県陸前高田市飯森 | 時代:ペルム紀 |
|---|---|---|
| サイズ:径約5.5cm | 母岩:頁岩 | クリーニングの難易度:B |

◎オウムガイの一種。右端についているのはシュードフィリップシアの尾部。

東北 古生代

■シュードフィリップシア
| | |
|---|---|
| 分類：節足動物三葉虫類 | |
| 産地：岩手県陸前高田市飯森 | |
| 時代：ペルム紀 | サイズ：長さ1.8cm |
| 母岩：頁岩 | クリーニングの難易度：C |

◎頭部のみの標本。(増田標本)

■シュードフィリップシア
| | |
|---|---|
| 分類：節足動物三葉虫類 | |
| 産地：岩手県陸前高田市飯森 | |
| 時代：ペルム紀 | サイズ：長さ2.2cm |
| 母岩：頁岩 | クリーニングの難易度：C |

◎多少変形を受けているのでわかりにくいが、防御姿勢をとる三葉虫だ。(増田標本)

陸前高田市飯森の産地。林道沿いの崖からたくさんの化石が産出する。

志津川町細浦の産地。ちょっとした峠の頂上に露頭がある。道が狭いので採集しにくい。

■エントモノティス

| 分類：軟体動物斧足類 | 産地：宮城県本吉郡志津川町細浦 | 時代：三畳紀 |
|---|---|---|
| サイズ：長さ4cm | 母岩：砂質泥岩 | クリーニングの難易度：D |

◎三畳紀の示準化石として有名。他の産地に比べるとやや小型である。

東北 中生代

本吉町日門の産地。風化した軟らかい地層からたくさんのアンモナイトが産出する。

■**二枚貝（不明種）**
分類：軟体動物斧足類
産地：宮城県本吉郡本吉町日門
時代：三畳紀
サイズ：画面の左右5cm
母岩：粘板岩
クリーニングの難易度：C
◎1cmに満たない二枚貝が密集している。三畳紀やジュラ紀の産地では結構見受けられる。

■**サブコルンバイテス**
分類：軟体動物頭足類
産地：宮城県本吉郡本吉町日門
時代：三畳紀
サイズ：径3.6cm
母岩：粘板岩
クリーニングの難易度：D
◎うまい具合に分離した標本。化石は多いが、このようにきれいに分離するものは少ない。（宮崎標本）

## ■コルンバイテス

分類：軟体動物頭足類
産地：宮城県本吉郡本吉町日門
時代：三畳紀
サイズ：径11cm
母岩：粘板岩
クリーニングの難易度：D

◎比較的大きなアンモナイト。

## ■アナプチクス

| 分類：軟体動物頭足類 | |
|---|---|
| 産地：宮城県本吉郡本吉町日門 | |
| 時代：三畳紀 | サイズ：高さ2.2cm |
| 母岩：粘板岩 | クリーニングの難易度：D |

◎三畳紀の顎器は珍しいが，アンモナイトがたくさん出るので当然の産出でもある。(増田標本)

## ■ヒカゲノカズラ類

| 分類：シダ植物 | |
|---|---|
| 産地：宮城県本吉郡本吉町日門 | |
| 時代：三畳紀 | サイズ：長さ24cm |
| 母岩：粘板岩 | クリーニングの難易度：D |

◎樹幹の表面に葉柄の痕跡が並ぶ。

東北 中生代

本吉町大沢の漁港に散在していた岩を割ってみる。数は少ないが，アンモナイトが産出した。

■サブコルンバイテス

| 分類：軟体動物頭足類 | 産地：宮城県本吉郡本吉町大沢海岸 | 時代：三畳紀 |
|---|---|---|
| サイズ：径3.8cm | 母岩：粘板岩 | クリーニングの難易度：D |

◎雄型に見えるが，雌型の化石である。

利府町の産地。採石場の様子。地層は三畳紀の泥岩で構成されている。

■ハロビア
分類：軟体動物斧足類
産地：宮城県宮城郡利府町赤沼
時代：三畳紀　　　　サイズ：長さ3cm
母岩：泥岩　　　　　クリーニングの難易度：D
◎三畳紀を代表する二枚貝。

■二枚貝（不明種）
分類：軟体動物斧足類
産地：宮城県宮城郡利府町赤沼
時代：三畳紀　　　　サイズ：長さ2.8cm
母岩：泥岩　　　　　クリーニングの難易度：D
◎形状からイガイの一種と思われる。

■巻き貝（不明種）
分類：軟体動物腹足類
産地：宮城県宮城郡利府町赤沼
時代：三畳紀　　　　サイズ：高さ2cm
母岩：泥岩　　　　　クリーニングの難易度：C
◎この地では巻き貝の産出は珍しい。表面にたくさんの顆粒が並ぶ。(吉田標本)

東北　中生代

東北 中生代

■ジャポニテス
分類：軟体動物頭足類
産地：宮城県宮城郡利府町赤沼
時代：三畳紀
サイズ：径10.5cm
母岩：泥岩
クリーニングの難易度：C
◎比較的大型のアンモナイト。

■ケルネリテス
分類：軟体動物頭足類
産地：宮城県宮城郡利府町赤沼
時代：三畳紀
サイズ：径5cm
母岩：泥岩
クリーニングの難易度：B
◎非常に保存の良い標本。

東北 中生代

■パラセラタイテス

| 分類：軟体動物頭足類 | 産地：宮城県宮城郡利府町赤沼 | 時代：三畳紀 |
|---|---|---|
| サイズ：径5cm | 母岩：泥岩 | クリーニングの難易度：B |

◎殻の表面には放射状の肋があり、殻の高さの3分の1のところで枝分かれし、その分岐点と腹側の周縁部でイボ状に突起する。（増田標本）

■ウミユリの一種

| 分類：棘皮動物ウミユリ類 | |
|---|---|
| 産地：宮城県宮城郡利府町赤沼 | |
| 時代：三畳紀 | サイズ：画面の左右5cm |
| 母岩：泥岩 | クリーニングの難易度：D |

◎ウミユリの茎の一部分。

■サメの歯（不明種）

| 分類：脊椎動物軟骨魚類 | |
|---|---|
| 産地：宮城県宮城郡利府町赤沼 | |
| 時代：三畳紀 | サイズ：高さ6mm |
| 母岩：泥岩 | クリーニングの難易度：C |

◎非常に小さい歯だが、その形状からサメの歯と思われる。

東北 中生代

■ベレムナイトの一種

| 分類：軟体動物頭足類 | 産地：宮城県桃生郡北上町追波 | 時代：ジュラ紀 |
|---|---|---|
| サイズ：A-長さ3.9cm, B-長さ3.4cm | 母岩：泥岩 | クリーニングの難易度：C |

◎本体が溶け去っているため、その印象に接着剤を流しこんで型を取ったものだ。

■ギャランチアナ

| 分類：軟体動物頭足類 | 産地：宮城県桃生郡北上町追波 | 時代：ジュラ紀 |
|---|---|---|
| サイズ：径2cm | 母岩：頁岩 | クリーニングの難易度：C |

◎小さい化石だが、鉄分で黄色くなっていて美しい。印象化石。

■ベレムナイトの一種

| | |
|---|---|
| 分類：軟体動物頭足類 | |
| 産地：岩手県下閉伊郡田野畑村明戸 | |
| 時代：白亜紀 | サイズ：長さ7.7cm |
| 母岩：砂岩 | クリーニングの難易度：A |

◎保存と分離が良くないのでクリーニングは不可能。この裏にはフラグモコーンが見えている。

ベレムナイトが見つかったところ。母岩が砂岩なので個体で取り出すのは困難。

田野畑村明戸の砂岩にはたくさんの化石が含まれ、風化した石の表面にはウミユリの破片も多く見られる。

東北 新生代

北上市和賀町の産地。林道脇の露頭からはたくさんの魚類の化石が産出する。しかし、魚鱗やバラバラになった脊椎がほとんどだ。

■魚鱗（不明種）

| 分類：脊椎動物硬骨魚類 | |
|---|---|
| 産地：岩手県北上市和賀町 | |
| 時代：第三紀中新世 | サイズ：画面の左右8cm |
| 母岩：泥岩 | クリーニングの難易度：C |

◎泥岩の中には、無数の魚鱗や魚骨が含まれる。風化するとぼろぼろになりやすい石なので、保存が大変だ。

涌谷町北方にある採石場。ホタテガイやサメの歯が産出した。

■クチバシチョウチンガイ

| 分類：腕足動物有関節類 | |
|---|---|
| 産地：宮城県遠田郡涌谷町 | |
| 時代：第三紀中新世 | サイズ：高さ1.2cm |
| 母岩：砂岩 | クリーニングの難易度：D |

◎殻頂がするどくとがっている。

■オオツカニシキ?
分類：軟体動物斧足類
産地：宮城県遠田郡涌谷町
時代：第三紀中新世
サイズ：高さ2.8cm
母岩：砂岩
クリーニングの難易度：D
◎中形のニシキガイ。

■カガミホタテ(学名：コトラペクテン・カガミアヌス)
分類：軟体動物斧足類
産地：宮城県遠田郡涌谷町
時代：第三紀中新世
サイズ：高さ7.2cm
母岩：砂岩
クリーニングの難易度：D
◎中新世の示準化石で、両殻とも弱くふくらんでいる。左殻標本。

■カガミホタテ(学名：コトラペクテン・カガミアヌス)
分類：軟体動物斧足類
産地：宮城県遠田郡涌谷町
時代：第三紀中新世
サイズ：高さ12cm
母岩：砂岩
クリーニングの難易度：D
◎右殻標本。

東北 新生代

東北 新生代

宮崎町寒風沢の上流からはマツモリツキヒが多産する。その他の化石は見られない。

寒風沢の地層。砂岩の地層は層理が発達せず、レンズ状に化石が密集する。

■マツモリツキヒ(学名：ミヤギペクテン・マツモリエンシス)
| | |
|---|---|
| 分類：軟体動物斧足類 | |
| 産地：宮城県加美郡宮崎町寒風沢 | |
| 時代：第三紀中新世 | サイズ：高さ6.5cm |
| 母岩：砂岩 | クリーニングの難易度：D |

◎耳はかなり小さく、放射肋は見られない。右殻。

■マツモリツキヒ(学名：ミヤギペクテン・マツモリエンシス)
| | |
|---|---|
| 分類：軟体動物斧足類 | |
| 産地：宮城県加美郡宮崎町寒風沢 | |
| 時代：第三紀中新世 | サイズ：高さ6cm |
| 母岩：砂岩 | クリーニングの難易度：D |

◎マツモリツキヒは密集して産出する。

■ニサタイニシキ
分類：軟体動物斧足類
産地：宮城県柴田郡川崎町碁石川
時代：第三紀中新世
サイズ：高さ3.7cm
母岩：砂岩
クリーニングの難易度：C
◎小さな耳が特徴。

■スカシガイの一種
分類：軟体動物腹足類
産地：宮城県柴田郡川崎町碁石川

| 時代：第三紀中新世 | サイズ：長径3cm |
|---|---|
| 母岩：砂岩 | クリーニングの難易度：C |

◎殻頂に穴があいている。

川崎町にある碁石橋の下あたりの河床が産地。水量が多いときは採集は不可能だ。ニシキガイやサメの歯、ウニなどが多産する。

東北　新生代

東北 新生代

■ムカシスカシカシパンウニ
分類：棘皮動物ウニ類
産地：宮城県柴田郡川崎町碁石川
時代：第三紀中新世
サイズ：径11.5cm
母岩：砂岩
クリーニングの難易度：C
◎殻は大きくて薄く、穴があいているのが特徴。(宮崎標本)

A

B

■メジロザメ(学名：カルカリヌス)(A)とイタチザメ(学名：ガレオセルドウ)(B)

| 分類：脊椎動物軟骨魚類 | 産地：宮城県柴田郡川崎町碁石川 | 時代：第三紀中新世 |
|---|---|---|
| サイズ：A-高さ0.9cm、B-高さ0.6cm | 母岩：砂岩 | クリーニングの難易度：D |

◎サメの歯も比較的多産する。

■クラミス
分類：軟体動物斧足類
産地：宮城県黒川郡大和町鶴巣
時代：第三紀中新世　サイズ：高さ3.5cm
母岩：砂礫　クリーニングの難易度：E
◎この産地では貝類化石はあまり見られない。

■カシパンウニ
分類：棘皮動物ウニ類
産地：宮城県黒川郡大和町鶴巣
時代：第三紀中新世　サイズ：径5cm
母岩：砂礫　クリーニングの難易度：A
◎カシパンウニの化石はときおり産出するが、砂粒が強固に付着してクリーニングは非常に難しい。

■イワフジツボの一種
分類：節足動物蔓脚類
産地：宮城県黒川郡大和町鶴巣
時代：第三紀中新世
サイズ：径約5mm
母岩：砂礫
クリーニングの難易度：E
◎カシパンウニの死骸に付着するイワフジツボ。

東北 新生代

脊椎の産状。中新世とはとても思えないほど軟らかい砂礫の地層から化石は産出する。その砂礫の層からのぞいた魚類の脊椎化石。

A

B

■魚類の脊椎（不明種）-タイプ a（左）とタイプ b（右）

| 分類：脊椎動物硬骨魚類 | 産地：宮城県黒川郡大和町鶴巣 | 時代：第三紀中新世 |
|---|---|---|
| サイズ：A-厚さ2.3cm、径2cm、B-厚さ2.1cm、径2.6cm | 母岩：砂礫 | クリーニングの難易度：E |

◎サメの脊椎との違いは、厚みがある点、中心が大きくくぼむこと、周辺に突起があること、外形が長細くて角張っている点である。

■アオザメ(学名:イスルス)

| 分類:脊椎動物軟骨魚類 | 産地:宮城県黒川郡大和町鶴巣 | 時代:第三紀中新世 |
|---|---|---|
| サイズ:A-高さ3cm、B-大きいものの高さ3.8cm | 母岩:砂礫 | クリーニングの難易度:E |

◎サメの歯も比較的多産するが、歯根の残っているものは非常に少ない。

■サメの脊椎(不明種)タイプA

| 分類:脊椎動物軟骨魚類 | |
|---|---|
| 産地:宮城県黒川郡大和町鶴巣 | |
| 時代:第三紀中新世 | サイズ:径3.1cm、厚さ3.2cm |
| 母岩:砂礫 | クリーニングの難易度:E |

◎直径と同じくらいの厚みのあるタイプ。穴は片側に2個、反対側に2個の合計4個あいている。

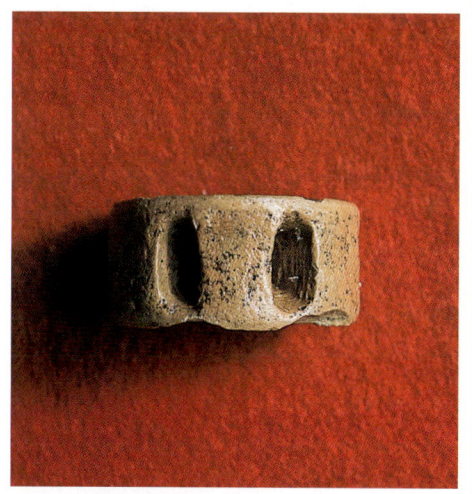

■サメの脊椎(不明種)タイプB

| 分類:脊椎動物軟骨魚類 | |
|---|---|
| 産地:宮城県黒川郡大和町鶴巣 | |
| 時代:第三紀中新世 | サイズ:径2.4cm、厚さ1.2cm |
| 母岩:砂礫 | クリーニングの難易度:E |

◎直径の半分くらいしか厚みがないこのタイプがもっとも多く見られる。穴は片側に2個、反対側に2個の合計4個あいている。

東北 新生代

東北 新生代

■サメの脊椎（不明種）タイプ C

| 分類：脊椎動物軟骨魚類 | 時代：第三紀中新世 |
|---|---|
| 産地：宮城県黒川郡大和町鶴巣 | 母岩：砂礫 |
| サイズ：径3.1cm、厚さ2.4cm | クリーニングの難易度：E |

◎AとBの中間タイプ。穴は片側に2個、反対側に2個の合計4個あいている。

■サメの脊椎（不明種）タイプ D

| 分類：脊椎動物軟骨魚類 | 時代：第三紀中新世 |
|---|---|
| 産地：宮城県黒川郡大和町鶴巣 | 母岩：砂礫 |
| サイズ：径2.4cm、厚さ1.7cm | クリーニングの難易度：E |

◎片側の2つの穴は接近し、もう一方の2つは離れている。穴は片側に2個、反対側に2個の合計4個あいている。

■サメの脊椎（不明種）タイプ E

| 分類：脊椎動物軟骨魚類 | 時代：第三紀中新世 |
|---|---|
| 産地：宮城県黒川郡大和町鶴巣 | 母岩：砂礫 |
| サイズ：径2.6cm、厚さ1.8cm | クリーニングの難易度：E |

◎穴のあいていないタイプ。

■サメの脊椎（不明種）タイプ F

| 分類：脊椎動物軟骨魚類 | 時代：第三紀中新世 |
|---|---|
| 産地：宮城県黒川郡大和町鶴巣 | 母岩：砂礫 |
| サイズ：径2.3cm、厚さ1.7cm | クリーニングの難易度：E |

◎穴は片側に2個、反対側に1個の合計3個あいている。

■サメの脊椎（不明種）タイプ G

| 分類：脊椎動物軟骨魚類 | 時代：第三紀中新世 |
|---|---|
| 産地：宮城県黒川郡大和町鶴巣 | 母岩：砂礫 |
| サイズ：径2.5cm、厚さ1.2cm | クリーニングの難易度：E |

◎両側に4個ずつ、合計8個の穴があいている。

■サメの脊椎（不明種）タイプ H

| 分類：脊椎動物軟骨魚類 | 時代：第三紀中新世 |
|---|---|
| 産地：宮城県黒川郡大和町鶴巣 | 母岩：砂礫 |
| サイズ：径2.3cm、厚さ0.9cm | クリーニングの難易度：E |

◎片側に4個、反対側に2個、合計6個の穴があいている。

### ■鯨類の脊椎（不明種）

| 分類：脊椎動物哺乳類 | |
|---|---|
| 産地：宮城県黒川郡大和町鶴巣 | |
| 時代：第三紀中新世 | サイズ：左右6.7cm |
| 母岩：砂礫 | クリーニングの難易度：E |

◎大きさからイルカの類と思われる。

### ■鯨類の耳骨（不明種）

| 分類：脊椎動物哺乳類 | |
|---|---|
| 産地：宮城県黒川郡大和町鶴巣 | |
| 時代：第三紀中新世 | サイズ：左右8.5cm |
| 母岩：砂礫 | クリーニングの難易度：E |

◎大きさから大型の鯨類と思われる。

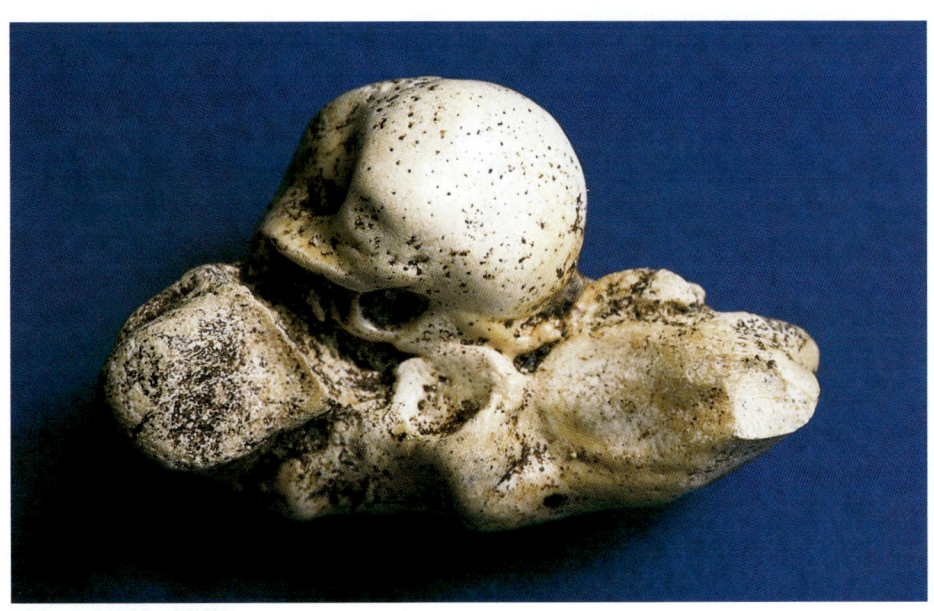

### ■イルカの岩骨（不明種）

| 分類：脊椎動物哺乳類 | 産地：宮城県黒川郡大和町鶴巣 | 時代：第三紀中新世 |
|---|---|---|
| サイズ：左右3.1cm | 母岩：砂礫 | クリーニングの難易度：E |

◎大きさからイルカの類と思われる。その形から、"布袋石"と呼ばれている。

東北 新生代

■鰭脚類の歯（不明種）

| | |
|---|---|
| 分類 | 脊椎動物哺乳類 |
| 産地 | 宮城県黒川郡大和町鶴巣 |
| 時代 | 第三紀中新世 |
| サイズ | 高さ5cm |
| 母岩 | 砂礫 |
| クリーニングの難易度 | E |

◎鰭脚類の犬歯と思われる。（新保標本）

■骨（不明種）

| | | | | | |
|---|---|---|---|---|---|
| 分類：脊椎動物 | | 産地：宮城県黒川郡大和町鶴巣 | | 時代：第三紀中新世 | |
| サイズ：左右5.5cm | | 母岩：砂礫 | | クリーニングの難易度：E | |

◎種，部位ともに不明な骨。

■オオツツミキンチャク
分類：軟体動物斧足類
産地：宮城県亘理郡亘理町神宮寺
時代：第三紀中新世
サイズ：高さ9cm
母岩：礫岩
クリーニングの難易度：B
◎殻は厚くたくさんの放射肋、肋間肋がある。礫岩中で、礫が殻に強固に付着しているのでクリーニングは難しい。

■マツモリツキヒ
（学名：ミヤギペクテン・マツモリエンシス）
分類：軟体動物斧足類
産地：宮城県亘理郡亘理町神宮寺
時代：第三紀中新世
サイズ：高さ5.5cm
母岩：礫岩
クリーニングの難易度：B
◎殻が薄く、礫岩中なのでクリーニングは難しい。

東北 新生代

いわき市藤原川の河床からはオウナガイやツキガイモドキなどの化石が多産するが、露頭が狭くなって採集が難しくなっている。

■ツキガイモドキ（学名：ルシノマ）

| 分類：軟体動物斧足類 | |
|---|---|
| 産地：福島県いわき市常磐藤原町 | |
| 時代：第三紀中新世 | サイズ：長さ4.2cm |
| 母岩：砂質泥岩 | クリーニングの難易度：D |

◎ツキガイモドキも中が方解石で満たされているものが多い。現地性の化石であることがわかる。

A

B

■オウナガイ

| 分類：軟体動物斧足類 | 産地：福島県いわき市常磐藤原町 | 時代：第三紀中新世 |
|---|---|---|
| サイズ：A-長さ7cm, B-長さ6cm | 母岩：砂質泥岩 | クリーニングの難易度：A-D, B-C |

◎Bは切断して研磨したもの。方解石が充満していて非常に美しい。この産地のオウナガイは比較的小型である。

※現地性の化石とは、生息地で堆積したものをいう。他方、異地性の化石とは、死後流されて生息地とは違う場所で堆積したものをいう。

東北 新生代

富岡町小良ヶ浜の海岸には鮮新世の地層が分布し、たくさんの貝化石などが産出している。

■エゾキンチャク（学名：スイフトペクテン・スイフティー）
| | |
|---|---|
| 分類：軟体動物斧足類イタヤガイ科 | |
| 産地：福島県双葉郡富岡町小良ヶ浜 | |
| 時代：第三紀鮮新世 | サイズ：高さ12cm |
| 母岩：砂礫 | クリーニングの難易度：E |

◎寒流系の貝で、太くて強い放射肋が5本ある。左右両殻ともふくらんでいる。

■コシバニシキ（学名：クラミス・コシベンシス）
| | |
|---|---|
| 分類：軟体動物斧足類イタヤガイ科 | |
| 産地：福島県双葉郡富岡町小良ヶ浜 | |
| 時代：第三紀鮮新世 | サイズ：高さ4.5cm |
| 母岩：砂礫 | クリーニングの難易度：E |

◎小型のニシキガイで左右両殻ともふくらんでいる。

■ツキガイモドキ（学名：ルシノマ）
| | |
|---|---|
| 分類：軟体動物斧足類カブラツキガイ科 | |
| 産地：福島県双葉郡富岡町小良ヶ浜 | |
| 時代：第三紀鮮新世 | サイズ：長さ3.2cm |
| 母岩：砂礫 | クリーニングの難易度：E |

◎殻表には板状の成長肋が等間隔にある。

東北 新生代

■フミガイの一種
| 分類：軟体動物斧足類トマヤガイ科 | |
|---|---|
| 産地：福島県双葉郡富岡町小良ヶ浜 | |
| 時代：第三紀鮮新世 | サイズ：長さ2.4cm |
| 母岩：砂礫 | クリーニングの難易度：E |

◎殻頂が少し前方に偏り、殻表には太い放射肋が20条ほどある。

■コベルトフネガイ
| 分類：軟体動物斧足類フネガイ科 | |
|---|---|
| 産地：福島県双葉郡富岡町小良ヶ浜 | |
| 時代：第三紀鮮新世 | サイズ：長さ6.1cm |
| 母岩：砂礫 | クリーニングの難易度：E |

◎殻は前後に長く、中央部が少しくぼんだ感じである。靭帯面は大きい。

■エゾタマキガイ(学名：グリキメリス)
| 分類：軟体動物斧足類タマキガイ科 | 産地：福島県双葉郡富岡町小良ヶ浜 | 時代：第三紀鮮新世 |
|---|---|---|
| サイズ：長さ6.7cm | 母岩：砂礫 | クリーニングの難易度：E |

◎殻はタマキガイ科のなかでは大型。ふくらみは弱い。右は内側を見たもの。

東北 新生代

■エゾボラモドキ（学名：ネプチュネア）
分類：軟体動物腹足類エゾバイ科
産地：福島県双葉郡富岡町小良ヶ浜
時代：第三紀鮮新世　サイズ：高さ9.5cm
母岩：砂礫　クリーニングの難易度：C
◎殻は比較的大型。多産するが非常にもろく、完全体での採集は困難。

■ネジボラの類
分類：軟体動物腹足類エゾバイ科
産地：福島県双葉郡富岡町小良ヶ浜
時代：第三紀鮮新世　サイズ：高さ7cm
母岩：砂礫　クリーニングの難易度：C
◎殻は細長く、肩が張る。やや深いところに生息。

■アヤボラ
分類：軟体動物腹足類フジツガイ科
産地：福島県双葉郡富岡町小良ヶ浜
時代：第三紀鮮新世　サイズ：高さ7cm
母岩：砂礫　クリーニングの難易度：C
◎殻表は縦横の肋が交差し、荒い格子状になっている。

■エゾチヂミボラ？
分類：軟体動物腹足類アクキガイ科
産地：福島県双葉郡富岡町小良ヶ浜
時代：第三紀鮮新世　サイズ：高さ5.5cm
母岩：砂礫　クリーニングの難易度：C
◎殻表の螺肋はきわめて明瞭。殻は厚い。

55

東北 新生代

■ヒタチオビガイの一種（学名：フルゴラリア）
| | |
|---|---|
|分類|軟体動物腹足類ヒタチオビ科|
|産地|福島県双葉郡富岡町小良ヶ浜|
|時代|第三紀鮮新世|
|母岩|砂礫|
|サイズ|高さ8cm|
|クリーニングの難易度|C|

◎殻は非常に大きくなる。

■キリガイダマシ科の一種（学名：ツリテラ）
| | |
|---|---|
|分類|軟体動物腹足類キリガイダマシ科|
|産地|福島県双葉郡富岡町小良ヶ浜|
|時代|第三紀鮮新世|
|母岩|砂礫|
|サイズ|右の高さ5cm|
|クリーニングの難易度|C|

◎比較的小型なので、エゾキリガイダマシと思われる。化石は非常に壊れやすい。

■キサゴの類
| | |
|---|---|
|分類|軟体動物腹足類ニシキウズ科|
|産地|福島県双葉郡富岡町小良ヶ浜|
|時代|第三紀鮮新世|
|母岩|砂礫|
|サイズ|径2.5cm|
|クリーニングの難易度|C|

◎殻は螺塔が低くて扁平である。

■コウダカスカシガイ
| | |
|---|---|
|分類|軟体動物腹足類スカシガイ科|
|産地|福島県双葉郡富岡町小良ヶ浜|
|時代|第三紀鮮新世|
|母岩|砂礫|
|サイズ|径1.3cm|
|クリーニングの難易度|C|

◎殻は背の高い円錐形。殻頂下から中ほどまで切れこむ。

■カルカロドン・カルカリアス

| 分類：脊椎動物軟骨魚類 | |
|---|---|
| 産地：福島県双葉郡富岡町小良ヶ浜 | |
| 時代：第三紀鮮新世 | サイズ：高さ2.3cm |
| 母岩：砂礫 | クリーニングの難易度：E |

◎ホオジロザメの歯。

■鯨類の歯（不明種）

| 分類：脊椎動物哺乳類 | |
|---|---|
| 産地：福島県双葉郡富岡町小良ヶ浜 | |
| 時代：第三紀鮮新世 | サイズ：高さ4.3cm |
| 母岩：砂礫 | クリーニングの難易度：E |

◎歯根の摩耗が激しいが、鯨類の歯と思われる。

■鰭脚類の歯（不明種）

| 分類：脊椎動物哺乳類 | 産地：福島県双葉郡富岡町小良ヶ浜 | 時代：第三紀鮮新世 |
|---|---|---|
| サイズ：大きいものの高さ5cm | 母岩：砂礫 | クリーニングの難易度：E |

◎形状から鰭脚類の歯と思われる。(宮崎標本)

東北　新生代

東北 新生代

男鹿半島の北側に位置する安田海岸。更新世の鮪川[しびかわ]層と安田層が露出する。

■ カメホウズキチョウチンガイ

| 分類：腕足動物有関節類 | 時代：第四紀更新世 |
|---|---|
| 産地：秋田県男鹿市琴川安田海岸 | 母岩：砂礫 |
| サイズ：高さ3.2cm | クリーニングの難易度：E |

◎新生代の腕足類としては比較的大型。

■ タテスジチョウチンガイ

| 分類：腕足動物有関節類 | 時代：第四紀更新世 |
|---|---|
| 産地：秋田県男鹿市琴川安田海岸 | 母岩：砂礫 |
| サイズ：高さ2.3cm | クリーニングの難易度：E |

◎小型・縦長で縦肋が発達する。

■ クチバシチョウチンガイ（A, B, C）

| 分類：腕足動物有関節類 | 時代：第四紀更新世 |
|---|---|
| 産地：秋田県男鹿市琴川安田海岸 | 母岩：砂礫 |
| サイズ：高さ2.4cm | クリーニングの難易度：E |

◎殻頂がくちばしのようにとがる。Aは正面、Bは下面、Cは側面を見たもの。

東北 新生代

■エゾワスレガイ

| 分類：軟体動物斧足類マルスダレガイ科 | 時代：第四紀更新世 |
|---|---|
| 産地：秋田県男鹿市琴川安田海岸 | 母岩：砂礫 |
| サイズ：長さ8.2cm | クリーニングの難易度：E |

◎殻表には不規則で強い成長肋が現れる。殻は厚い。

■ビノスガイ

| 分類：軟体動物斧足類マルスダレガイ科 | 時代：第四紀更新世 |
|---|---|
| 産地：秋田県男鹿市琴川安田海岸 | 母岩：砂礫 |
| サイズ：長さ7.5cm | クリーニングの難易度：E |

◎殻表の成長肋はやや板状になる。殻は厚い。

■ヌノメアサリ

| 分類：軟体動物斧足類マルスダレガイ科 | 時代：第四紀更新世 |
|---|---|
| 産地：秋田県男鹿市琴川安田海岸 | 母岩：砂礫 |
| サイズ：長さ7.5cm | クリーニングの難易度：E |

◎殻は厚く、成長肋と放射肋とが交わって布目状の模様がある。

■エゾタマキガイ(学名：グリキメリス)

| 分類：軟体動物斧足類タマキガイ科 | 時代：第四紀更新世 |
|---|---|
| 産地：秋田県男鹿市琴川安田海岸 | 母岩：砂礫 |
| サイズ：長さ3.4cm | クリーニングの難易度：E |

◎殻は厚くて頑丈。多数の放射肋があるが、弱いので平滑な感じがする。

■キララガイ(学名：アシラ)

| 分類：軟体動物斧足類クルミガイ科 | 時代：第四紀更新世 |
|---|---|
| 産地：秋田県男鹿市琴川安田海岸 | 母岩：砂礫 |
| サイズ：長さ1.8cm | クリーニングの難易度：E |

◎殻は小さく、細い放射肋が中央から左右に分かれてのびる。

■シコロエガイ

| 分類：軟体動物斧足類フネガイ科 | 時代：第四紀更新世 |
|---|---|
| 産地：秋田県男鹿市琴川安田海岸 | 母岩：砂礫 |
| サイズ：長さ4.5cm | クリーニングの難易度：E |

◎ふくらみは弱く、殻表には細い放射肋がある。

東北　新生代

ホタテガイの産状。貝類は所どころに同種のものが密集する。

■ホタテガイ（学名：ミズホペクテン・エゾエンシス）

| 分類：軟体動物斧足類イタヤガイ科 | |
|---|---|
| 産地：秋田県男鹿市琴川安田海岸 | |
| 時代：第四紀更新世 | サイズ：高さ8.3cm |
| 母岩：砂礫 | クリーニングの難易度：E |

◎放射肋は21～22本が普通。右殻では太くて丸く、左殻では細い。右殻標本。

■トウキョウホタテ（学名：ミズホペクテン・トウキョウエンシス）

| 分類：軟体動物斧足類イタヤガイ科 | |
|---|---|
| 産地：秋田県男鹿市琴川安田海岸 | |
| 時代：第四紀更新世 | サイズ：高さ5.5cm |
| 母岩：砂礫 | クリーニングの難易度：E |

◎本種は関東地方の更新世から多産する。右殻は縦肋が太く、さらにいくつかの細肋に分かれている。左殻では細くて角張る。絶滅種。左殻標本。

■エゾキンチャク（学名：スイフトペクテン・スイフティー）

| 分類：軟体動物斧足類イタヤガイ科 | |
|---|---|
| 産地：秋田県男鹿市琴川安田海岸 | |
| 時代：第四紀更新世 | サイズ：高さ6.8cm |
| 母岩：砂礫 | クリーニングの難易度：E |

◎背が高く、右殻も左殻もふくらむ。殻表には太い放射肋が5～6本ある。成長線に沿って大きく段になるのが特徴。

安田海岸への標識。男鹿市では、重要な地学景観地には看板が立っていてわかりやすい。

■タマガイ(学名：ユースピラ)
分類：軟体動物腹足類タマガイ科
産地：秋田県男鹿市琴川安田海岸
時代：第四紀更新世　サイズ：高さ4cm
母岩：砂礫　クリーニングの難易度：E
◎殻は球形で、殻表は平滑。

■フジタキリガイダマシ(学名：ツリテラ)
分類：軟体動物腹足類キリガイダマシ科
産地：秋田県男鹿市琴川安田海岸
時代：第四紀更新世　サイズ：高さ6.3cm
母岩：砂礫　クリーニングの難易度：E
◎成長するにつれ、螺肋が分裂して数が増える。

■オオエゾシワガイ？
分類：軟体動物腹足類エゾバイ科
産地：秋田県男鹿市琴川安田海岸
時代：第四紀更新世　サイズ：高さ2.5cm
母岩：砂礫　クリーニングの難易度：E
◎明瞭な縦肋が特徴。

東北　新生代

東北 新生代

■ユキノカサ科の一種
| 分類：軟体動物腹足類ユキノカサ科 ||
| 産地：秋田県男鹿市琴川安田海岸 ||
| 時代：第四紀更新世 | サイズ：長径1.8cm |
| 母岩：砂礫 | クリーニングの難易度：E |

◎ユキノカサ科のコウダカアオガイに似る。

■ハスノハカシパンウニ
| 分類：棘皮動物ウニ類 ||
| 産地：秋田県男鹿市琴川安田海岸 ||
| 時代：第四紀更新世 | サイズ：径5.1cm |
| 母岩：砂礫 | クリーニングの難易度：C |

◎安田海岸の鯖川層からはハスノハカシパンウニが化石床をなして多産する。非常にもろく、採集するときは慎重を要する。

安田海岸の産地には教育委員会によって地層解説の看板が立っている。

鯖川層の上位に安田層が堆積している。グリキメリスが密集していた。

# 関東

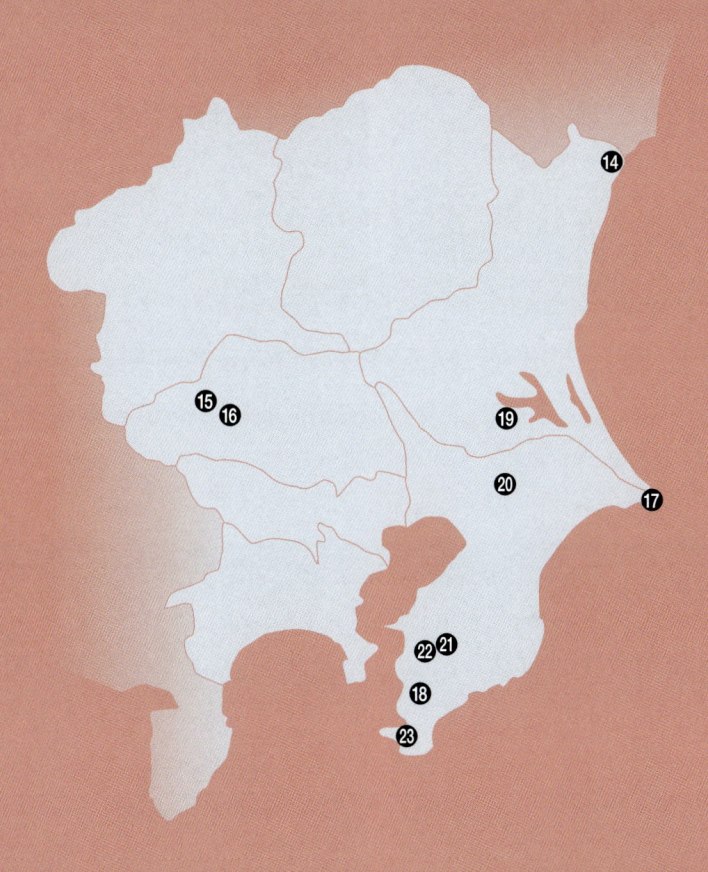

| 産地 | 地質時代 |
|---|---|
| **新生代** | |
| ⑭ 茨城県北茨城市大津町五浦 | 第三紀中新世 |
| ⑮ 埼玉県秩父郡小鹿野町ようばけ | 第三紀中新世 |
| ⑯ 埼玉県秩父市大野原荒川河床 | 第三紀中新世 |
| ⑰ 千葉県銚子市長崎町長崎鼻 | 第三紀鮮新世 |
| ⑱ 千葉県安房郡鋸南町奥元名 | 第三紀鮮新世 |
| ⑲ 茨城県稲敷郡阿見町島津 | 第四紀更新世 |
| ⑳ 千葉県印旛郡印旛村吉高大竹 | 第四紀更新世 |
| ㉑ 千葉県木更津市地蔵堂, 真里谷, 桜井 | 第四紀更新世 |
| ㉒ 千葉県君津市追込小糸川, 市宿 | 第四紀更新世 |
| ㉓ 千葉県館山市平久里川 | 第四紀完新世 |

関東

新生代

秩父市大野原付近を流れる荒川の河床には、中新世の砂岩層が露出していて、サメの歯などの化石が産出する。

■カニ類（不明種）
分類：節足動物甲殻類
産地：埼玉県秩父市大野原荒川河床
| 時代：第三紀中新世 | サイズ：左右3cm |
|---|---|
| 母岩：泥質砂岩 | クリーニングの難易度：C |

◎エンコウガニのオスの腹部と思われる。

■魚鱗（不明種）
分類：脊椎動物硬骨魚類
産地：埼玉県秩父市大野原荒川河床
| 時代：第三紀中新世 | サイズ：幅0.4cm |
|---|---|
| 母岩：泥質砂岩 | クリーニングの難易度：E |

◎この地層は化石の産出は多くはない。また、硬骨魚類も少なく、軟骨魚類のほうが産出が多い。

■魚類の歯（不明種）
分類：脊椎動物硬骨魚類
産地：埼玉県秩父市大野原荒川河床
| 時代：第三紀中新世 | サイズ：大きいものの高さ0.3cm |
|---|---|
| 母岩：泥質砂岩 | クリーニングの難易度：D |

◎タイの仲間の歯と思われる。

■オドンタスピス

| 分類：脊椎動物軟骨魚類 | 産地：埼玉県秩父市大野原荒川河床 | 時代：第三紀中新世 |
|---|---|---|
| サイズ：高さ2.7cm | 母岩：泥質砂岩 | クリーニングの難易度：B |

◎オオワニザメの一種。外洋性のサメで、副口頭を備え、歯冠の中央部から下部にかけて縦に走るしわがある。右は側面。（吉田標本）

■カグラザメ（学名：ヘキサンカス）

| 分類：脊椎動物軟骨魚類 | |
|---|---|
| 産地：埼玉県秩父市大野原荒川河床 | |
| 時代：第三紀中新世 | サイズ：高さ1.1cm |
| 母岩：泥質砂岩 | クリーニングの難易度：B |

◎この産地はカグラザメが産出することで有名な場所である。

■アカエイの歯（学名：ダサイアティス）

| 分類：脊椎動物軟骨魚類 | |
|---|---|
| 産地：埼玉県秩父市大野原荒川河床 | |
| 時代：第三紀中新世 | サイズ：高さ0.3cm |
| 母岩：泥質砂岩 | クリーニングの難易度：B |

◎アカエイの歯は小さく、しかも形がジグザグ状になっているので取り出すのは困難。

関東 新生代

小鹿野町ようばけ。ようばけの「ハケ」とは崖の意味で、つまり「陽のあたる崖」という意味らしい。この崖は奈倉層と呼ばれる第三紀中新世の地層からなっており、たくさんの化石が産出している。町指定天然記念物。

■クリガニ科の一種

| 分類：節足動物甲殻類 | |
| --- | --- |
| 産地：埼玉県秩父郡小鹿野町ようばけ | |
| 時代：第三紀中新世 | サイズ：長さ3cm |
| 母岩：泥質砂岩 | クリーニングの難易度：C |

◎縦に長く、でこぼことした甲を持っている。

■カニ類（不明種）

| 分類：節足動物甲殻類 | |
| --- | --- |
| 産地：埼玉県秩父郡小鹿野町ようばけ | |
| 時代：第三紀中新世 | サイズ：左右約6cm |
| 母岩：泥質砂岩 | クリーニングの難易度：C |

◎エンコウガニの類。

■カニ類（不明種）
分類：節足動物甲殻類
産地：埼玉県秩父郡小鹿野町ようばけ
時代：第三紀中新世　サイズ：腹甲の幅約1.5cm
母岩：泥質砂岩　クリーニングの難易度：C
◎エンコウガニの類。オスの腹甲。

■カニ類（不明種）
分類：節足動物甲殻類
産地：埼玉県秩父郡小鹿野町ようばけ
時代：第三紀中新世　サイズ：左右約5cm
母岩：泥質砂岩　クリーニングの難易度：C
◎ようばけからはたくさんのカニ類化石が産出するが、小型の種類がほとんどで保存も良くない。

■ハリモミ？の毬果（学名：ピセア）
分類：裸子植物毬果類マツ科
産地：埼玉県秩父郡小鹿野町ようばけ
時代：第三紀中新世
サイズ：長さ9cm
母岩：泥質砂岩
クリーニングの難易度：C
◎マツ科トウヒ属のハリモミに似る。

関東 新生代

関東 新生代

■ヤベフクロガイ
| 分類：軟体動物腹足類 | |
|---|---|
| 産地：茨城県北茨城市大津町五浦 | |
| 時代：第三紀中新世 | サイズ：高さ3.5cm |
| 母岩：砂質泥岩 | クリーニングの難易度：C |

◎フクロガイの類で、殻表は絹目状をする。(吉田標本)

■エンコウガニ
| 分類：節足動物甲殻類 | |
|---|---|
| 産地：茨城県北茨城市大津町五浦 | |
| 時代：第三紀中新世 | サイズ：幅5cm |
| 母岩：砂質泥岩 | クリーニングの難易度：C |

◎小型のカニ類。

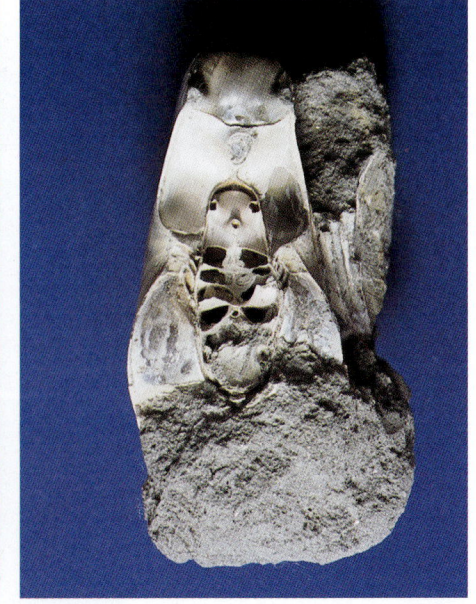

■アッツリア
| 分類：軟体動物頭足類 | 産地：茨城県北茨城市大津町五浦 | 時代：第三紀中新世 |
|---|---|---|
| サイズ：径6cm | 母岩：砂質泥岩 | クリーニングの難易度：C |

◎オウムガイの一種。隔壁と連室細管が確認できる。左は側面、右は正面。(吉田標本)

■ウニの棘（不明種）
| 分類：棘皮動物ウニ類 | |
|---|---|
| 産地：千葉県安房郡鋸南町奥元名 | |
| 時代：第三紀鮮新世 | サイズ：長さ5.4cm |
| 母岩：礫岩 | クリーニングの難易度：C |

◎ウニの棘化石は長くてもろく壊れやすいので、取り出すのは難しい。

■タイの歯
| 分類：脊椎動物硬骨魚類 | |
|---|---|
| 産地：千葉県安房郡鋸南町奥元名 | |
| 時代：第三紀鮮新世 | サイズ：1つの球体の径2.5mm |
| 母岩：礫岩 | クリーニングの難易度：C |

◎ヘダイの歯と思われる。

■カルカロドン・メガロドン
| 分類：脊椎動物軟骨魚類 | |
|---|---|
| 産地：千葉県安房郡鋸南町奥元名 | |
| 時代：第三紀鮮新世 | サイズ：高さ4.5cm |
| 母岩：礫岩 | クリーニングの難易度：C |

◎小さく見えるが復元するとこれでも10cm近くある。

砂岩の表面に見られるカルカロドン・メガロドンの抜け跡。誰かが採集したものか、自然に分離したものか定かでないが、完品だったようだ。

関東

新生代

■アオザメ(学名：イスルス)
| 分類 | ：脊椎動物軟骨魚類 | |
|---|---|---|
| 産地 | ：千葉県安房郡鋸南町奥元名 | |
| 時代 | ：第三紀鮮新世 | サイズ：高さ5cm |
| 母岩 | ：礫岩 | クリーニングの難易度：C |

◎この産地では歯根の欠ける標本がほとんどだが、これは歯根もきれいに残っている。(吉田標本)

■鯨類の脊椎(不明種)
| 分類 | ：脊椎動物哺乳類 | |
|---|---|---|
| 産地 | ：千葉県安房郡鋸南町奥元名 | |
| 時代 | ：第三紀鮮新世 | サイズ：径4.5cm |
| 母岩 | ：礫岩 | クリーニングの難易度：D |

◎礫岩の中から見つかった小型鯨類の脊椎。イルカ類のものと思われる。(吉田標本)

砂岩の中に顎つきの歯を発見。

■哺乳類の歯(不明種)
| 分類 | ：脊椎動物哺乳類 | |
|---|---|---|
| 産地 | ：千葉県安房郡鋸南町奥元名 | |
| 時代 | ：第三紀鮮新世 | サイズ：歯列の長さ約3.7cm |
| 母岩 | ：礫岩 | クリーニングの難易度：C |

◎慎重にクリーニングした結果、3本の歯が出てきた。陸上の草食獣の特徴を持っている。(吉田標本)

■カンスガイ？
分類：軟体動物腹足類リュウテン科
産地：千葉県銚子市長崎町長崎鼻
時代：第三紀鮮新世
サイズ：高さ2.6cm
母岩：礫混じりの砂泥岩
クリーニングの難易度：D
◎おそらくカンスガイと思われる。カンスガイには縫合の直上に多数の棘が並ぶが、この標本はそれが欠落したものと思われる。

■カルカロドン・メガロドン
分類：脊椎動物軟骨魚類
産地：千葉県銚子市長崎町長崎鼻
時代：第三紀鮮新世
サイズ：高さ7cm
母岩：礫混じりの砂泥岩
クリーニングの難易度：D
◎この産地ではメガロドンとカルカリアスがいっしょに産出する。ともに産出頻度は高い。（吉田標本）

関東　新生代

関東 新生代

■ネコザメ
(学名：ヘテロドンタス)
分類：脊椎動物軟骨魚類
産地：千葉県銚子市長崎町長崎鼻
時代：第三紀鮮新世
サイズ：幅2.2cm
母岩：礫混じりの砂泥岩
クリーニングの難易度：E
◎古いタイプのサメ。この歯で貝殻を砕く。(宮崎標本)

■ヘミプリシテス
分類：脊椎動物軟骨魚類
産地：千葉県銚子市長崎町長崎鼻
時代：第三紀鮮新世
サイズ：高さ1.4cm
母岩：礫混じりの砂泥岩
クリーニングの難易度：E
◎比較的珍しいサメの類。歯冠の先端が曲がり、鋸歯はやや上を向く。(宮崎標本)

■トビエイ(学名：ミリオバチス)
分類：脊椎動物軟骨魚類
産地：千葉県銚子市長崎町長崎鼻
時代：第三紀鮮新世
サイズ：幅1.4cm
母岩：礫混じりの砂泥岩
クリーニングの難易度：E
◎写真の手前側(つるっとした面)が咬合面だ。(宮崎標本)

### ■キヌタアゲマキ

| 分類：軟体動物斧足類アシガイ科 ||
|---|---|
| 産地：茨城県稲敷郡阿見町島津 ||
| 時代：第四紀更新世 | サイズ：長さ6.7cm |
| 母岩：砂泥 | クリーニングの難易度：E |

◎長方形の形をしている。殻表には放射状の溝があり、成長線のところでずれる。殻は薄く、ふくらみは弱い。

### ■ウミタケ

| 分類：軟体動物斧足類ニオガイ科 ||
|---|---|
| 産地：茨城県稲敷郡阿見町島津 ||
| 時代：第四紀更新世 | サイズ：長さ5.6cm |
| 母岩：砂泥 | クリーニングの難易度：E |

◎泥の中で長い水管を出して生活している。現生では有明海が有名。殻は薄い。(宮崎標本)

### ■アワジチヒロ

| 分類：軟体動物斧足類イタヤガイ科 | 産地：茨城県稲敷郡阿見町島津 | 時代：第四紀更新世 |
|---|---|---|
| サイズ：高さ3.6cm | 母岩：砂泥 | クリーニングの難易度：E |

◎両耳が非常に大きくて特徴的である。ふくらみは弱い。

関東 新生代

関東 新生代

■ イシカゲガイ

| 分類：軟体動物斧足類ザルガイ科 | |
|---|---|
| 産地：茨城県稲敷郡阿見町島津 | |
| 時代：第四紀更新世 | サイズ：長さ3.9cm |
| 母岩：砂泥 | クリーニングの難易度：E |

◎よくふくらみ、殻表には30数本の放射肋がある。殻の後端近くに線状のくぼみがある。

■ マクラガイの類

| 分類：軟体動物腹足類マクラガイ科 | |
|---|---|
| 産地：茨城県稲敷郡阿見町島津 | |
| 時代：第四紀更新世 | サイズ：高さ3.4cm |
| 母岩：砂泥 | クリーニングの難易度：E |

◎螺塔が体層肩部よりも少しへこんでいるので、ヘコミマクラと思われる。

■ サンショウウニの一種

| 分類：棘皮動物ウニ類 | 産地：茨城県稲敷郡阿見町島津 | 時代：第四紀更新世 |
|---|---|---|
| サイズ：径4.5cm | 母岩：砂泥 | クリーニングの難易度：E |

◎殻の表面がサンショウの木肌のようにでこぼこしている。左は殻を上から見たもので、真ん中の穴は肛門である。右は殻を下から見たもので、真ん中の穴は口である。

関東 新生代

■アワジチヒロ
| 分類 | 軟体動物斧足類イタヤガイ科 | |
|---|---|---|
| 産地 | 千葉県印旛郡印旛村吉高大竹 | |
| 時代 | 第四紀更新世 | サイズ：高さ4.8cm |
| 母岩 | 砂 | クリーニングの難易度：E |

◎両耳が非常に大きくて特徴的である。

■ヒメエゾボラ(学名：ネプチュネア)
| 分類 | 軟体動物腹足類エゾバイ科 | |
|---|---|---|
| 産地 | 千葉県印旛郡印旛村吉高大竹 | |
| 時代 | 第四紀更新世 | サイズ：高さ9.6cm |
| 母岩 | 砂 | クリーニングの難易度：E |

◎大きくて殻も厚い。肩部が張り、結節を備えることが多い。この標本にはたくさんのフジツボが付着している。

■エイの尾棘
| 分類 | 脊椎動物軟骨魚類 |
|---|---|
| 産地 | 千葉県印旛郡印旛村吉高大竹 |
| 時代 | 第四紀更新世 |
| サイズ | 長さ12.3cm |
| 母岩 | 砂 |
| クリーニングの難易度：C | |

◎エイの毒棘。かなり大きい。

75

関東 新生代

更新世の地層でできた絶壁が続く小糸川。砂礫の中からたくさんの化石が産出するが，崖が崩れたところでないと採集は困難。

■アケビガイ（学名：アケビコンカ）

| 分類：軟体動物斧足類アケビガイ科 ||
| --- | --- |
| 産地：千葉県君津市追込小糸川 ||
| 時代：第四紀更新世 | サイズ：長さ6cm |
| 母岩：砂礫 | クリーニングの難易度：C |

◎シロウリガイとともに深い海に生息する二枚貝。（吉田標本）

■シマキンギョガイ

| 分類：軟体動物斧足類ザルガイ科 ||
| --- | --- |
| 産地：千葉県君津市追込小糸川 ||
| 時代：第四紀更新世 | サイズ：長さ2.8cm |
| 母岩：砂礫 | クリーニングの難易度：C |

◎中型でよくふくらんでいる。後部で布目状になる。

関東 新生代

■オオハネガイ（学名：アセスタ）
分類：軟体動物斧足類ミノガイ科
産地：千葉県君津市追込小糸川
時代：第四紀更新世　　サイズ：長さ10cm
母岩：砂礫　　　　　　クリーニングの難易度：C
◎殻は大きくて薄い。殻表の前後に放射肋があるが、中央部では平滑である。化石は壊れやすく採集しづらい。

■キヌザルガイ
分類：軟体動物斧足類ザルガイ科
産地：千葉県君津市追込小糸川
時代：第四紀更新世　　サイズ：高さ4.5cm
母岩：砂礫　　　　　　クリーニングの難易度：C
◎多数の放射肋があり、肋上には鱗片突起がある。

■ウミタケモドキガイ（学名：フォラドミア）

| 分類：軟体動物斧足類ウミタケモドキガイ科 | 産地：千葉県君津市追込小糸川 | 時代：第四紀更新世 |
|---|---|---|
| サイズ：長さ4.5cm | 母岩：砂礫 | クリーニングの難易度：C |

◎やや深いところに生息する。

関東 新生代

■マツカワガイ
分類：軟体動物腹足類フジツガイ科
産地：千葉県君津市追込小糸川
時代：第四紀更新世
サイズ：高さ5.8cm
母岩：砂礫
クリーニングの難易度：C
◎縦脈が左右に並んで張り出し、きわめて特異な形をしている。殻は厚い。

■コナルトボラ
分類：軟体動物腹足類オキニシ科
産地：千葉県君津市追込小糸川

| 時代：第四紀更新世 | サイズ：高さ4.8cm |
|---|---|
| 母岩：砂礫 | クリーニングの難易度：C |

◎殻表は多数のイボで包まれる。

■コガネエビス
分類：軟体動物腹足類ニシキウズ科
産地：千葉県君津市追込小糸川

| 時代：第四紀更新世 | サイズ：高さ3.5cm |
|---|---|
| 母岩：砂礫 | クリーニングの難易度：C |

◎クサイロギンエビスともいう。底面もふくれる。

■ヒメエゾボラモドキ（学名：ネプチュネア・クロシオ）
分類：軟体動物腹足類エゾバイ科
産地：千葉県君津市追込小糸川
時代：第四紀更新世　サイズ：高さ5.3cm
母岩：砂礫　クリーニングの難易度：C
◎螺塔は小さく体層は大きい。強弱の螺脈をめぐらしている。

■ネジボラ
分類：軟体動物腹足類エゾバイ科
産地：千葉県君津市追込小糸川
時代：第四紀更新世　サイズ：高さ6.7cm
母岩：砂礫　クリーニングの難易度：C
◎殻は細長く肩が張る。

■ツノキフデ
分類：軟体動物腹足類ヒタチオビ科
産地：千葉県君津市追込小糸川
時代：第四紀更新世　サイズ：高さ6cm
母岩：砂礫　クリーニングの難易度：C
◎殻は細長い紡錘形。ヒタチオビガイの仲間。

■アコメイモガイ
分類：軟体動物腹足類イモガイ科
産地：千葉県君津市追込小糸川
時代：第四紀更新世　サイズ：高さ6.2cm
母岩：砂礫　クリーニングの難易度：C
◎螺塔はするどくとがり、縫合の側壁がたつ。

関東　新生代

関東 新生代

■サルアワビ

| 分類:軟体動物腹足類スカシガイ科 | 産地:千葉県君津市追込小糸川 | 時代:第四紀更新世 |
|---|---|---|
| サイズ:長径8.5cm | 母岩:砂礫 | クリーニングの難易度:C |

◎スカシガイの仲間ではもっとも大きい。長楕円形の傘状をする。殻表には強い放射肋がある。(吉田標本)

■イタチザメ
(学名:ガレオセルドウ)

分類:脊椎動物軟骨魚類
産地:千葉県君津市追込小糸川
時代:第四紀更新世
サイズ:高さ2.2cm
母岩:砂礫
クリーニングの難易度:C

◎イタチザメの歯としてはかなり大きい。(宮崎標本)

■モクハチミノガイ
分類：軟体動物斧足類ミノガイ科
産地：千葉県君津市市宿
時代：第四紀更新世　サイズ：長さ5.5cm
母岩：砂　クリーニングの難易度：D
◎肋上には鱗片突起を備える。

■クロアワビ
分類：軟体動物腹足類ミミガイ科
産地：千葉県君津市市宿
時代：第四紀更新世　サイズ：径7.8cm
母岩：砂　クリーニングの難易度：C
◎殻には4、5個の穴が開く。殻はやや細長い。(吉田標本)

■アオザメ(学名：イスルス)
分類：脊椎動物軟骨魚類
産地：千葉県君津市市宿
時代：第四紀更新世
サイズ：高さ3.5cm
母岩：砂
クリーニングの難易度：E
◎この産地のサメの歯は砂の中から産出するため、摩耗していることが多い。この標本は例外的に摩耗を逃れている。

関東　新生代

関東 新生代

地蔵堂層と藪層の化石帯。この近辺からはサンゴや貝化石が多産する。

■単体サンゴ(不明種)
分類：腔腸動物六射サンゴ類
産地：千葉県木更津市地蔵堂
時代：第四紀更新世　サイズ：長径1.1cm
母岩：砂　クリーニングの難易度：D
◎小さな巻き貝に寄生した単体サンゴ。

■ムシバサンゴ
分類：腔腸動物六射サンゴ類
産地：千葉県木更津市地蔵堂
時代：第四紀更新世　サイズ：高さ1.8cm、径1.1cm
母岩：砂　クリーニングの難易度：D
◎扁平で基部が曲がる。

■単体サンゴ(不明種)
分類：腔腸動物六射サンゴ類
産地：千葉県木更津市地蔵堂
時代：第四紀更新世　サイズ：高さ1.4cm
母岩：砂　クリーニングの難易度：D
◎底部は不規則な形で、付着性を示す。

### ■チョウチンホウズキの一種

| 分類：腕足動物有関節類 | 産地：千葉県木更津市地蔵堂 | 時代：第四紀更新世 |
|---|---|---|
| サイズ：高さ2.2cm | 母岩：砂 | クリーニングの難易度：E |

◎チョウチンホウズキの仲間と思われる。

### ■ヒヨクガイ(学名：クリプトペクテン)

| 分類：軟体動物斧足類イタヤガイ科 | |
|---|---|
| 産地：千葉県木更津市地蔵堂 | |
| 時代：第四紀更新世 | サイズ：高さ3.3cm |
| 母岩：砂 | クリーニングの難易度：E |

◎殻は小型で耳は小さい。殻表に15本程度の放射肋がある。地蔵堂では多産。

### ■サンショウウニ

| 分類：棘皮動物ウニ類 | |
|---|---|
| 産地：千葉県木更津市地蔵堂 | |
| 時代：第四紀更新世 | サイズ：径1.7cm |
| 母岩：砂 | クリーニングの難易度：E |

◎小型のウニ類。

関東 新生代

■イタヤガイ(学名:ペクテン・アルビカンス)

| 分類:軟体動物斧足類イタヤガイ科 | 産地:千葉県木更津市真里谷 | 時代:第四紀更新世 |
|---|---|---|
| サイズ:高さ1〜6.5cm | 母岩:砂 | クリーニングの難易度:E |

◎イタヤガイ(左殻)の幼殻から成熟殻までを並べたもの。幼殻は外側に反っているが、大きくなるにつれて扁平となる。

■フクロガイ

| 分類:軟体動物腹足類タマガイ科 | |
|---|---|
| 産地:千葉県木更津市真里谷 | |
| 時代:第四紀更新世 | サイズ:径2.7cm |
| 母岩:砂 | クリーニングの難易度:E |

◎タマガイの仲間で、アワビのように口が大きい。殻表は螺肋が刻まれる。

■カニ類(不明種)

| 分類:節足動物甲殻類 | |
|---|---|
| 産地:千葉県木更津市真里谷 | |
| 時代:第四紀更新世 | サイズ:長さ1.2cm |
| 母岩:砂 | クリーニングの難易度:E |

◎小型のカニ類。クリガニの仲間?

■ヒナガイ（学名：ドシニア）
| 分類：軟体動物斧足類マルスダレガイ科 | 時代：第四紀更新世 |
|---|---|
| 産地：千葉県木更津市桜井 | 母岩：砂泥 |
| サイズ：長さ7.2cm | クリーニングの難易度：E |

◎カガミガイの仲間だが、さらに大きく、ふくらみは弱い。殻表の成長肋は前後で強く、両端は棘状になる。

■マツヤマワスレ
| 分類：軟体動物斧足類マルスダレガイ科 | 時代：第四紀更新世 |
|---|---|
| 産地：千葉県木更津市桜井 | 母岩：砂泥 |
| サイズ：長さ6.3cm | クリーニングの難易度：D |

◎殻表にはきわだつつやがある。

■キサゴの仲間
| 分類：軟体動物腹足類ニシキウズ科 | 時代：第四紀更新世 |
|---|---|
| 産地：千葉県木更津市桜井 | 母岩：砂泥 |
| サイズ：径3.2cm | クリーニングの難易度：E |

◎キサゴの仲間。殻表は平滑。

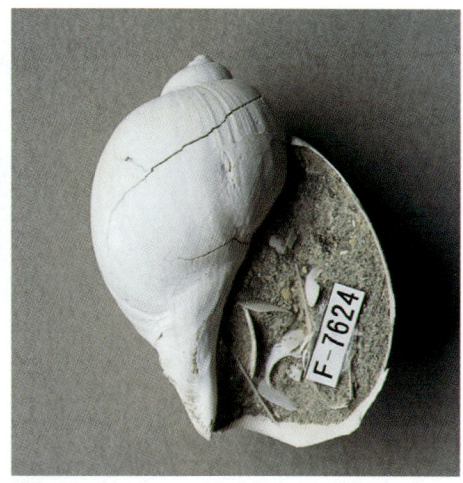

■モスソガイ
| 分類：軟体動物腹足類エゾバイ科 | 時代：第四紀更新世 |
|---|---|
| 産地：千葉県木更津市桜井 | 母岩：砂泥 |
| サイズ：高さ4.9cm | クリーニングの難易度：D |

◎殻はきわめて薄い。螺塔は低く、体層は大きい。

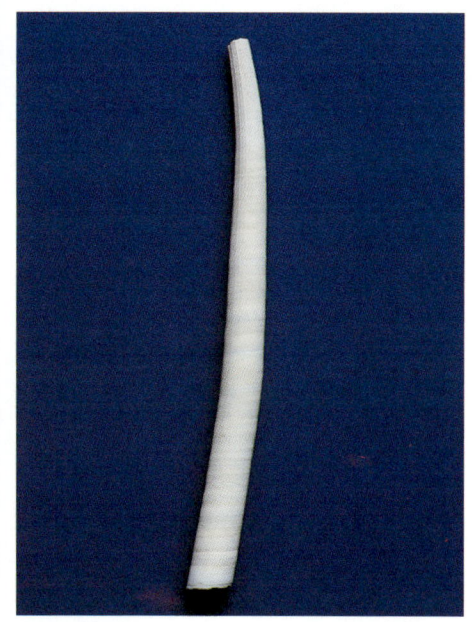

■ツノガイ
| 分類：軟体動物掘足類ツノガイ科 | 時代：第四紀更新世 |
|---|---|
| 産地：千葉県木更津市桜井 | 母岩：砂泥 |
| サイズ：長さ8cm | クリーニングの難易度：E |

◎殻頂部に弱い縦肋があるが、成長するにつれてなくなり、平滑になる。

関東　新生代

85

関東　新生代

■造礁性サンゴの一種
| 分類：腔腸動物六射サンゴ類 | |
|---|---|
| 産地：千葉県館山市平久里川 | |
| 時代：第四紀完新世 | サイズ：左右8cm |
| 母岩：砂泥 | クリーニングの難易度：E |

◎群体サンゴの一種。多産する。

■ウニメンガイ
| 分類：軟体動物斧足類ウミギク科 | |
|---|---|
| 産地：千葉県館山市平久里川 | |
| 時代：第四紀完新世 | サイズ：高さ9.5cm |
| 母岩：砂泥 | クリーニングの難易度：E |

◎殻は分厚く縦に長い。放射肋の上には長い棘がある。

A

B

■ウミギクガイ
| 分類：軟体動物斧足類ウミギク科 | 産地：千葉県館山市平久里川 | 時代：第四紀完新世 |
|---|---|---|
| サイズ：高さ4.5cm | 母岩：砂泥 | クリーニングの難易度：E |

◎Aは外形を、Bは内側から見たところで、関節状に噛み合わされた一対の歯がある。

関東 / 新生代

■ヒオウギガイ（学名：クラミス・ノビリス）
分類：軟体動物斧足類イタヤガイ科
産地：千葉県館山市平久里川
時代：第四紀完新世　　サイズ：高さ9.5cm
母岩：砂泥　　　　　　クリーニングの難易度：E
◎ふくらみは弱く、殻表には鱗片突起が密生する。足糸湾入は深い。

■タカラガイ科の一種
分類：軟体動物腹足類タカラガイ科
産地：千葉県館山市平久里川
時代：第四紀完新世　　サイズ：高さ2.3cm
母岩：砂泥　　　　　　クリーニングの難易度：E
◎タカラガイの仲間は色彩や斑紋が多様だが、化石では消失している場合が多いので同定は難しい。

■ナガニシ
分類：軟体動物腹足類イトマキボラ科
産地：千葉県館山市平久里川
時代：第四紀完新世　　サイズ：高さ6.3cm
母岩：砂泥　　　　　　クリーニングの難易度：E
◎細長い紡錘形で、螺塔は高く水管も長い。

■イモガイ科の一種
分類：軟体動物腹足類イモガイ科
産地：千葉県館山市平久里川
時代：第四紀完新世　　サイズ：高さ5.5cm
母岩：砂泥　　　　　　クリーニングの難易度：E
◎イモガイの仲間はよく似た種類が多く、同定は難しい。

# 中部・北陸

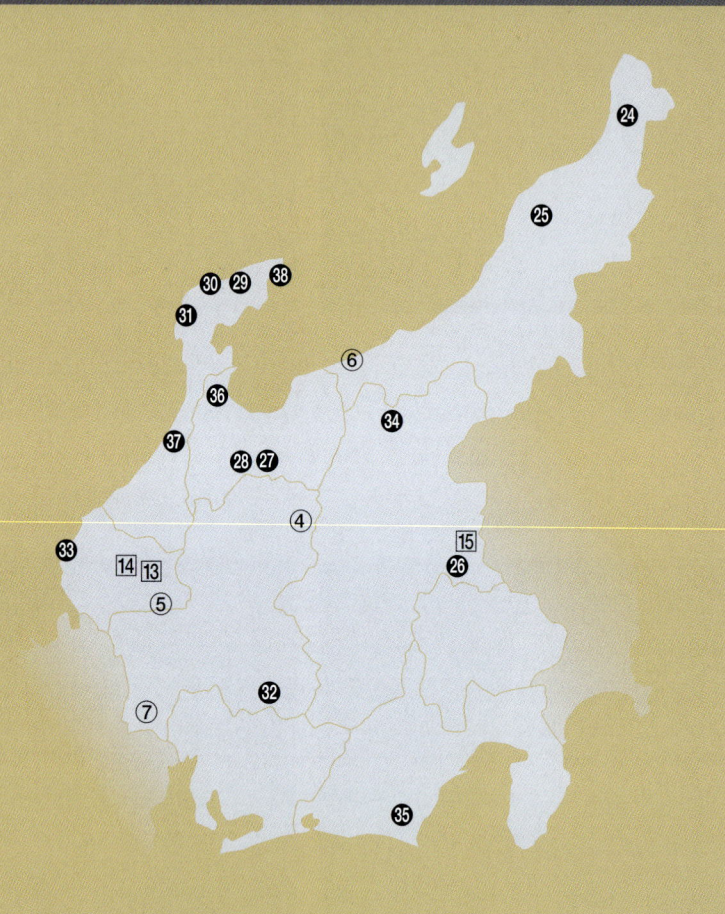

| 産地 | 地質時代 |
|---|---|
| **古生代** | |
| ④ 岐阜県吉城郡上宝村一重ヶ根 | シルル紀 |
| ⑤ 福井県大野郡和泉村上伊勢 | デボン紀 |
| ⑥ 新潟県西頸城郡青海町 | 石炭紀 |
| ⑦ 岐阜県大垣市赤坂町金生山 | ペルム紀 |
| **中生代** | |
| ⑬ 福井県大野郡和泉村貝皿 | ジュラ紀 |
| ⑭ 福井県足羽郡美山町小宇坂 | ジュラ紀 |
| ⑮ 長野県南佐久郡佐久町石堂 | 白亜紀 |
| **新生代** | |
| ㉔ 新潟県岩船郡朝日村大須戸 | 第三紀中新世 |
| ㉕ 新潟県北蒲原郡笹神村魚岩 | 第三紀中新世 |
| ㉖ 長野県南佐久郡北相木村川又 | 第三紀中新世 |

| 産地 | 地質時代 |
|---|---|
| ㉗ 富山県上新川郡大沢野町土 | 第三紀中新世 |
| ㉘ 富山県婦負郡八尾町深谷 | 第三紀中新世 |
| ㉙ 石川県輪島市徳成 | 第三紀中新世 |
| ㉚ 石川県輪島市輪島崎町鴨が浦 | 第三紀中新世 |
| ㉛ 石川県羽咋郡富来町関野鼻 | 第三紀中新世 |
| ㉜ 岐阜県瑞浪市松ヶ瀬町, 釜戸町 | 第三紀中新世 |
| ㉝ 福井県福井市鮎川町 | 第三紀中新世 |
| ㉞ 長野県上水内郡戸隠村 | 第三紀鮮新世 |
| ㉟ 静岡県掛川市掛川駅北方 | 第三紀鮮新世 |
| ㊱ 富山県高岡市頭川, 石堤 | 第三紀鮮新世 |
| ㊲ 石川県金沢市大桑町犀川河床 | 第四紀更新世 |
| ㊳ 石川県珠洲市平床 | 第四紀更新世 |

中部・北陸 古生代

上宝村一重ヶ根の産地は焼岳の山腹にあって、堆積岩と火山岩が入り混じっている。また、石灰岩は少なからず熱変成をおびている。

■ヘリオリテス
分類：腔腸動物床板サンゴ類
産地：岐阜県吉城郡上宝村一重ヶ根
時代：シルル紀　　サイズ：画面のサイズ5×5cm
母岩：凝灰岩　　　クリーニングの難易度：E
◎風化面では太陽模様がくぼんではっきりとわかる。(浅野標本)

■ヘリオリテス
分類：腔腸動物床板サンゴ類
産地：岐阜県吉城郡上宝村一重ヶ根
時代：シルル紀　　サイズ：左右約6cm
母岩：凝灰岩　　　クリーニングの難易度：C
◎研磨縦断面。いくぶん大理石化しているので、ものによっては研磨するとかえってわからなくなるものもある。

中部・北陸 古生代

■ファボシテス
分類：腔腸動物床板サンゴ類
産地：岐阜県吉城郡上宝村一重ヶ根
時代：シルル紀　サイズ：9×9cm
母岩：凝灰岩　クリーニングの難易度：E
◎土の中で自然に風化しているものがいちばん美しい。

■ファボシテス
分類：腔腸動物床板サンゴ類
産地：岐阜県吉城郡上宝村一重ヶ根
時代：シルル紀　サイズ：左右約8cm
母岩：凝灰岩　クリーニングの難易度：C
◎一重ヶ根の標本はいくぶん青みがかって見える。

■四射サンゴ（不明種）
分類：腔腸動物四射サンゴ類
産地：岐阜県吉城郡上宝村一重ヶ根
時代：シルル紀　サイズ：高さ14cm
母岩：凝灰岩　クリーニングの難易度：E
◎自然風化した縦断面。シルル紀の四射サンゴは水平な床板がめだつ。

■四射サンゴ（不明種）
分類：腔腸動物四射サンゴ類
産地：岐阜県吉城郡上宝村一重ヶ根
時代：シルル紀　サイズ：径2.5cm
母岩：凝灰岩　クリーニングの難易度：E
◎自然風化した横断面。（飯村標本）

中部・北陸 古生代

和泉村上伊勢の産地は沢の上流部にあり、化石は母岩の泥岩の中からたくさん産出する。山の斜面にも風化した化石が転がっている。

■ヘリオリテス

| 分類：腔腸動物床板サンゴ類 | 産地：福井県大野郡和泉村上伊勢 | 時代：デボン紀 |
| --- | --- | --- |
| サイズ：群体の左右6cm | 母岩：泥岩 | クリーニングの難易度：C |

◎泥岩中の群体を切断・研磨したもの。まんじゅうのような形をした群体だ。

中部・北陸 古生代

■ファボシテス

| 分類：腔腸動物床板サンゴ類 | 産地：福井県大野郡和泉村上伊勢 | 時代：デボン紀 |
| --- | --- | --- |
| サイズ：群体の高さ9cm、径16cm | 母岩：泥岩 | クリーニングの難易度：B |

◎泥岩中から産出したものを、付着した母岩を丹念にはがして外形を出したもの。キノコのような外形をしている群体だ。Aは上面を、Bは側面を見たところだ。

中部・北陸 古生代

■ファボシテス
分類：腔腸動物床板サンゴ類
産地：福井県大野郡和泉村上伊勢
時代：デボン紀　サイズ：長さ5cm
母岩：泥岩　クリーニングの難易度：C
◎細長く、枝状をしたハチノスサンゴ。研磨縦断面。

■ファボシテス・ヒデンシス
分類：腔腸動物床板サンゴ類
産地：福井県大野郡和泉村上伊勢
時代：デボン紀　サイズ：長さ12cm
母岩：泥岩　クリーニングの難易度：C
◎枝状をしたハチノスサンゴ。研磨縦断面。

■四射サンゴ（不明種）

| 分類：腔腸動物四射サンゴ類 | 産地：福井県大野郡和泉村上伊勢 | 時代：デボン紀 |
|---|---|---|
| サイズ：母岩の左右15cm | 母岩：泥岩 | クリーニングの難易度：C |

◎枝状をした群体四射サンゴ。研磨横断面。

93

中部・北陸 古生代

■二枚貝(不明種)
|分類|軟体動物斧足類||
|---|---|---|
|産地|福井県大野郡和泉村上伊勢||
|時代|デボン紀|サイズ：長さ7.5cm|
|母岩|泥岩|クリーニングの難易度：B|

◎殻は非常に薄く、同心円状の成長肋がきわだつ。

■二枚貝(不明種)
|分類|軟体動物斧足類||
|---|---|---|
|産地|福井県大野郡和泉村上伊勢||
|時代|デボン紀|サイズ：長さ3.2cm|
|母岩|泥岩|クリーニングの難易度：B|

◎殻頂は前方に大きく偏る。

■ウミユリ(不明種)
|分類|棘皮動物ウミユリ類||
|---|---|---|
|産地|福井県大野郡和泉村上伊勢||
|時代|デボン紀|サイズ：長さ6cm|
|母岩|泥岩|クリーニングの難易度：B|

◎ウミユリは泥岩中より固まって産出することが多い。茎は長く連なったままで、長いものは15cmをこえる。

■所属不明種
|分類|所属不明||
|---|---|---|
|産地|福井県大野郡和泉村上伊勢||
|時代|デボン紀|サイズ：長径9cm|
|母岩|泥岩|クリーニングの難易度：B|

◎まったく種属がわからないが、殻を持っているので軟体動物の一種と思われる。

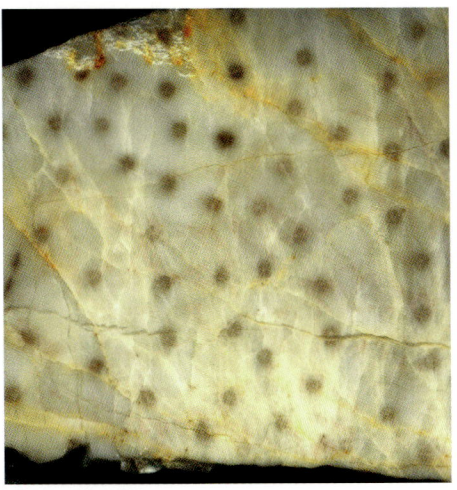

■シュードパボナ
分類：腔腸動物四射サンゴ類
産地：新潟県西頸城郡青海町
| 時代：石炭紀 | サイズ：左右7cm |
| 母岩：石灰岩 | クリーニングの難易度：C |

◎壁を持たない密着型の群体四射サンゴ。

■コノカルディウム
分類：軟体動物斧足類
産地：新潟県西頸城郡青海町
| 時代：石炭紀 | サイズ：長さ1.5cm |
| 母岩：石灰岩 | クリーニングの難易度：C |

◎ツノガイの祖先といわれている種類。(増田標本)

■ブラチセラス
分類：軟体動物腹足類
産地：新潟県西頸城郡青海町
| 時代：石炭紀 | サイズ：高さ2.5cm |
| 母岩：石灰岩 | クリーニングの難易度：B |

◎糞食性の巻き貝。(フォッサマグナミュージアム所蔵)

■プロミチルス
分類：軟体動物斧足類
産地：新潟県西頸城郡青海町
| 時代：石炭紀 | サイズ：高さ2cm |
| 母岩：石灰岩 | クリーニングの難易度：B |

◎古生代後期に生息したイガイの仲間。(フォッサマグナミュージアム所蔵)

中部・北陸 古生代

■ウミツボミ
分類：棘皮動物ウミツボミ類
産地：新潟県西頸城郡青海町
時代：石炭紀　サイズ：径1.4cm
母岩：石灰岩　クリーニングの難易度：B
◎ウミツボミのキャリックス。（宮崎標本）

■ウミツボミ
分類：棘皮動物ウミツボミ類
産地：新潟県西頸城郡青海町
時代：石炭紀　サイズ：高さ1.2cm
母岩：石灰岩　クリーニングの難易度：B
◎ウミツボミのキャリックス。付け根のところを下から見たもの。（宮崎標本）

■コニュラリア
分類：腔腸動物鉢クラゲ類
産地：新潟県西頸城郡青海町
時代：石炭紀
サイズ：長さ約3cm
母岩：石灰岩
クリーニングの難易度：B
◎逆四角錐の殻を持ち、一般的にはクラゲの仲間とされている。

採集とクリーニングのポイント1
## バーチャルクリーニング

　上の写真は、青海石灰岩から産出したシュードパボナ（四射サンゴの一種）の化石を切断・研磨したものを、スキャナーでスキャンしたものだ。青海石灰岩は母岩も化石も白いので、スキャンしたままだとこのようにほとんど何も見えない（処理前）。そこで、画像処理ソフトを使用し、明暗やコントラストなどを変えてやると見えない部分が見えるようになる（処理後）。下の写真は、山口県美祢市伊佐町（石炭紀）で産出したオザキフイルムの処理前と処理後である。このように、パソコンを使用したバーチャルクリーニングも有効なクリーニングの一つである。

　また、平面研磨した化石を撮影する場合は、スキャナーを使用したほうが美しく写る。ただし、陰影を与えたほうがよいものには不可である。

### ●青海石灰岩から産出したシュードパボナ

処理前 　　　　　　　　　　処理後

### ●山口県美祢市で産出したオザキフイルム

処理前 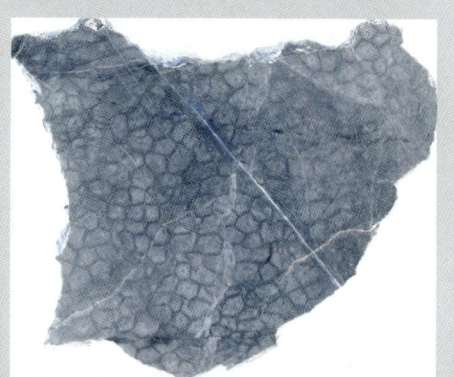　　　　　　　　　　処理後

中部・北陸 古生代

■レプトダス
分類：腕足動物有関節類
産地：岐阜県大垣市赤坂町金生山
時代：ペルム紀
サイズ：高さ6.5cm
母岩：石灰岩
クリーニングの難易度：B
◎赤坂石灰岩の霞帯と呼ばれるところからは、ウミユリにともなってレプトダスが産出する。

■シゾダス
分類：軟体動物斧足類
産地：岐阜県大垣市赤坂町金生山
時代：ペルム紀
サイズ：長さ3.8cm
母岩：石灰岩
クリーニングの難易度：C
◎古生代後期に生息した三角貝類の祖先。(青木標本)

■ツキガイの一種
分類：軟体動物斧足類
産地：岐阜県大垣市赤坂町金生山
時代：ペルム紀
サイズ：長さ0.8cm
母岩：石灰岩
クリーニングの難易度：C
◎ツキガイ科の二枚貝とされている。(青木標本)

中部・北陸 古生代

赤坂石灰岩の黒帯と呼ばれる地層中に現れたホタテガイ類の地層。無数のホタテガイが厚さ20cmほどの地層の中に密集して産出した。

■ホタテガイ類の一種
| | |
|---|---|
| 分類：軟体動物斧足類 | |
| 産地：岐阜県大垣市赤坂町金生山 | |
| 時代：ペルム紀 | サイズ：高さ約4cm |
| 母岩：石灰岩 | クリーニングの難易度：B |

◎ホタテガイの右殻。

■ホタテガイ類の一種
| | |
|---|---|
| 分類：軟体動物斧足類 | |
| 産地：岐阜県大垣市赤坂町金生山 | |
| 時代：ペルム紀 | サイズ：高さ約5.5cm |
| 母岩：石灰岩 | クリーニングの難易度：B |

◎ホタテガイの右殻。新生代のミズホペクテンと見かけはなんら変わらない。

中部・北陸 古生代

■ホタテガイ類の一種（内側）
分類：軟体動物斧足類
産地：岐阜県大垣市赤坂町金生山
時代：ペルム紀
サイズ：高さ2.2cm
母岩：石灰岩
クリーニングの難易度：B
◎殻の内側に筋痕が確認できる。(青木標本)

■ハヤサカペクテン
分類：軟体動物斧足類
産地：岐阜県大垣市赤坂町金生山
時代：ペルム紀
サイズ：高さ2.2cm
母岩：石灰岩
クリーニングの難易度：B
◎ホタテガイ類の一種。(青木標本)

■パラレロドン
分類：軟体動物斧足類
産地：岐阜県大垣市赤坂町金生山
時代：ペルム紀
サイズ：長さ4.5cm
母岩：石灰岩
クリーニングの難易度：B
◎フネガイの仲間。非常に保存の良い標本。下は内側を見たところで、歯も確認できる。(青木標本)

中部・北陸 古生代

■ナチセラ
分類：軟体動物腹足類
産地：岐阜県大垣市赤坂町金生山
時代：ペルム紀
サイズ：高さ1cm
母岩：石灰岩
クリーニングの難易度：B
◎アマガイモドキ科に属するとされている小型の巻き貝。

■バトロトマリア
分類：軟体動物腹足類
産地：岐阜県大垣市赤坂町金生山
時代：ペルム紀
サイズ：高さ10cm
母岩：石灰岩
クリーニングの難易度：B
◎バトロトマリアの産状。通常、このように殻の一部が見えて発見される。残念ながらこの標本は不完全なものだった。

■ナチコプシス
分類：軟体動物腹足類
産地：岐阜県大垣市赤坂町金生山
時代：ペルム紀
サイズ：高さ5cm
母岩：石灰岩
クリーニングの難易度：B
◎密集して産出したが，きれいに分離するものは少なく，たいていは殻頂が飛んでしまう。（大平標本）

中部・北陸 古生代

■巻き貝の蓋(不明種)
| 分類：軟体動物腹足類 | |
| --- | --- |
| 産地：岐阜県大垣市赤坂町金生山 | |
| 時代：ペルム紀 | サイズ：左右6.6cm |
| 母岩：石灰岩 | クリーニングの難易度：C |

◎シカマイア層の隙間から産出したもの。

■ナチコプシス群集
| 分類：軟体動物腹足類 | |
| --- | --- |
| 産地：岐阜県大垣市赤坂町金生山 | |
| 時代：ペルム紀 | サイズ：母岩の左右8cm |
| 母岩：石灰岩 | クリーニングの難易度：C |

◎下の標本とは厚さで5mほど離れた地層から産出。こちらは圧力でぺしゃんこになっている。

■ナチコプシス群集
| 分類：軟体動物腹足類 | 産地：岐阜県大垣市赤坂町金生山 | 時代：ペルム紀 |
| --- | --- | --- |
| サイズ：画面の左右9cm | 母岩：石灰岩 | クリーニングの難易度：C |

◎特定の地層から密集して産出。高さは大きくても2cm程度。古生代とは思えないくらいに地層が軟らかいので、自然に分離したものも転がっている。

中部・北陸 古生代

■トラキドミア・コニカ

| 分類：軟体動物腹足類 | 産地：岐阜県大垣市赤坂町金生山 | 時代：ペルム紀 |
|---|---|---|
| サイズ：高さ5.5cm | 母岩：石灰岩 | クリーニングの難易度：C |

◎ほぼ完品のトラキドミア・コニカ。大きなイボが殻の表面をおおう。(浅野標本)

A　B

■トラキドミア・ノドーサ

| 分類：軟体動物腹足類 | 産地：岐阜県大垣市赤坂町金生山 | 時代：ペルム紀 |
|---|---|---|
| サイズ：A-高さ2.1cm、B-高さ1.8cm | 母岩：石灰岩 | クリーニングの難易度：C |

◎小型のトラキドミアの一種。シカマイア層の隙間から産出した。

中部・北陸 古生代

A 　B

■ツノガイ
分類：軟体動物掘足類
産地：岐阜県大垣市赤坂町金生山
時代：ペルム紀
サイズ：A-長さ7cm,
　　　　B-長さ9.3cm
母岩：石灰岩
クリーニングの難易度：B
◎特定の地層から密集して産出。右の標本は一部分が分離したので石膏に埋め，人為的に母岩をつくった。

■シュードフィリップシア
分類：節足動物三葉虫類
産地：岐阜県大垣市赤坂町金生山
時代：ペルム紀
サイズ：頭鞍部の長さ1cm
母岩：石灰岩
クリーニングの難易度：B
◎金生山では特定の地層から三葉虫が多産したが，頭鞍部の化石は珍しい。(浅野標本)

中部・北陸　中生代

和泉村貝皿の集落を流れる洞が谷の上流。近年行われた砂防工事でたくさんの化石が産出した。

■ツキヒガイの一種
分類：軟体動物斧足類
産地：福井県大野郡和泉村貝皿
時代：ジュラ紀　　サイズ：高さ2cm
母岩：頁岩　　　　クリーニングの難易度：D
◎内形の印象。10本程度の内肋がある。

■二枚貝（不明種）
分類：軟体動物斧足類
産地：福井県大野郡和泉村貝皿
時代：ジュラ紀　　サイズ：長さ1.2cm
母岩：頁岩　　　　クリーニングの難易度：D
◎内形の印象。保存が悪いので種は不明。

■二枚貝（不明種）
分類：軟体動物斧足類
産地：福井県大野郡和泉村貝皿
時代：ジュラ紀　　サイズ：母岩の左右6cm
母岩：頁岩　　　　クリーニングの難易度：D
◎内形の印象。貝エビにも見えるが不明。

105

中部・北陸 中生代

■ブラチモルフィテス
分類：軟体動物頭足類
産地：福井県大野郡和泉村貝皿
時代：ジュラ紀　サイズ：径2.5cm
母岩：頁岩　クリーニングの難易度：D
◎殻口の先にラペットの一部が見える。(新保標本)

■コッファティア？
分類：軟体動物頭足類
産地：福井県大野郡和泉村貝皿
時代：ジュラ紀　サイズ：径4cm
母岩：頁岩　クリーニングの難易度：D
◎比較的ゆるく巻いたタイプ。

■シュードノイケニセラス
分類：軟体動物頭足類
産地：福井県大野郡和泉村貝皿
時代：ジュラ紀
サイズ：径4.5cm
母岩：頁岩
クリーニングの難易度：D
◎母岩は真っ黒で、地層の滑り(たてずれ)で黒光りする石から産出した。「こんな石から？」という意外な産出。

中部・北陸 中生代

■オキシセリテス
分類：軟体動物頭足類
産地：福井県大野郡和泉村貝皿
| 時代：ジュラ紀 | サイズ：径4.5cm |
| --- | --- |
| 母岩：頁岩 | クリーニングの難易度：D |

◎密に巻くタイプのアンモナイト。小さなラペットがある。

■オキシセリテス
分類：軟体動物頭足類
産地：福井県大野郡和泉村貝皿
| 時代：ジュラ紀 | サイズ：径5.4cm |
| --- | --- |
| 母岩：頁岩 | クリーニングの難易度：D |

◎密に巻くタイプのアンモナイト。

■異常巻きアンモナイト（不明種）
分類：軟体動物頭足類
産地：福井県大野郡和泉村貝皿
| 時代：ジュラ紀 | サイズ：長径2.5cm |
| --- | --- |
| 母岩：頁岩 | クリーニングの難易度：D |

◎完全体ではないのではっきりしないが、巻きのほどけた異常巻きアンモナイト。棘が並ぶ。（新保標本）

■アプチクス
分類：軟体動物頭足類
産地：福井県大野郡和泉村貝皿
| 時代：ジュラ紀 | サイズ：長さ1.1cm |
| --- | --- |
| 母岩：頁岩 | クリーニングの難易度：D |

◎アンモナイトの蓋とも顎器ともいわれるもの。アプチクスは通常2枚がくっついた状態で見つかるが、この標本は片側しか残っていない。

中部・北陸 中生代

■ベレムナイトの一種 ←
分類：軟体動物頭足類
産地：福井県大野郡和泉村貝皿
時代：ジュラ紀　　サイズ：長さ19cm
母岩：頁岩　　　　クリーニングの難易度：C
◎最大級のベレムナイトで完全体である。（大平標本）

■ベレムナイトの一種
分類：軟体動物頭足類
産地：福井県大野郡和泉村貝皿
時代：ジュラ紀　　サイズ：長さ6cm
母岩：頁岩　　　　クリーニングの難易度：C
◎小さな標本だが、フラグモコーンが確認できる。

■ソテツの仲間
分類：裸子植物ソテツ類
産地：福井県大野郡和泉村貝皿
時代：ジュラ紀　　サイズ：長さ7.5cm
母岩：頁岩　　　　クリーニングの難易度：D
◎葉のつき具合からソテツの仲間と思われる。

中部・北陸 中生代

■シダ類の一種
| 分類：シダ植物 | |
|---|---|
| 産地：福井県足羽郡美山町小宇坂 | |
| 時代：ジュラ紀 | サイズ：画面の上下7cm |
| 母岩：砂岩 | クリーニングの難易度：D |

◎シダ類の一種と思われるが詳しくは不明。小宇坂の砂岩はジュラ紀のものとは思えないくらいに軟らかい。

■シダ類の一種
| 分類：シダ植物 | |
|---|---|
| 産地：福井県足羽郡美山町小宇坂 | |
| 時代：ジュラ紀 | サイズ：長さ10cm |
| 母岩：砂岩 | クリーニングの難易度：D |

◎シダ類の一種と思われるが詳しくは不明。

■オニキオプシス
| 分類：シダ植物 | |
|---|---|
| 産地：福井県足羽郡美山町小宇坂 | |
| 時代：ジュラ紀 | サイズ：長さ4.5cm |
| 母岩：砂岩 | クリーニングの難易度：D |

◎手取植物群の主要な構成植物である。

■シダ類の一種
| 分類：シダ植物 | |
|---|---|
| 産地：福井県足羽郡美山町小宇坂 | |
| 時代：ジュラ紀 | サイズ：長さ3.5cm |
| 母岩：砂岩 | クリーニングの難易度：D |

◎シダ類の一種と思われるが、詳しくは不明。

■マキの一種
| 分類：裸子植物 | |
|---|---|
| 産地：福井県足羽郡美山町小宇坂 | |
| 時代：ジュラ紀 | サイズ：長さ10cm |
| 母岩：砂岩 | クリーニングの難易度：D |

◎マキの一種と思われるが詳しくは不明。

■ラインマキ
| 分類：裸子植物 | |
|---|---|
| 産地：福井県足羽郡美山町小宇坂 | |
| 時代：ジュラ紀 | サイズ：長さ3.5cm |
| 母岩：砂岩 | クリーニングの難易度：D |

◎従来ポドザミテスという名で扱われてきたもの。

■ギンゴイテス
| 分類：裸子植物イチョウ類 | 産地：福井県足羽郡美山町小宇坂 | 時代：ジュラ紀 |
|---|---|---|
| サイズ：A-長さ3cm, B-左右4.5cm | 母岩：砂岩 | クリーニングの難易度：D |

◎現生のイチョウの祖先で，生きた化石のひとつだ。（Bは新保標本）

中部・北陸 中生代

群馬県との県境付近にある長野県佐久町石堂の崖。白亜紀の地層でできていて、二枚貝やアンモナイト、ウニといった化石が産出する。

■オキナガイの仲間

| 分類：軟体動物斧足類 | |
|---|---|
| 産地：長野県南佐久郡佐久町石堂 | |
| 時代：白亜紀 | サイズ：長さ3.5cm |
| 母岩：頁岩 | クリーニングの難易度：D |

◎横に長細く、殻表には太い成長肋がある。

■ナノナビス

| 分類：軟体動物斧足類 | |
|---|---|
| 産地：長野県南佐久郡佐久町石堂 | |
| 時代：白亜紀 | サイズ：長さ2.5cm |
| 母岩：頁岩 | クリーニングの難易度：D |

◎ナノナビスの内形印象。

中部・北陸 中生代

■トリゴニア

| 分類：軟体動物斧足類 | 産地：長野県南佐久郡佐久町石堂 | 時代：白亜紀 |
|---|---|---|
| サイズ：母岩の左右約12cm | 母岩：頁岩 | クリーニングの難易度：D |

◎トリゴニアを含む二枚貝が、ウニやウミユリとともに密集する。

■巻き貝（不明種）

| 分類：軟体動物腹足類 | |
|---|---|
| 産地：長野県南佐久郡佐久町石堂 | |
| 時代：白亜紀 | サイズ：画面の左右約6cm |
| 母岩：頁岩 | クリーニングの難易度：D |

◎小さな巻き貝が密集する。

■ウニ（不明種）

| 分類：棘皮動物ウニ類 | |
|---|---|
| 産地：長野県南佐久郡佐久町石堂 | |
| 時代：白亜紀 | サイズ：径約2.5cm |
| 母岩：頁岩 | クリーニングの難易度：D |

◎ここではウニの化石がいちばん発見しやすい。

中部・北陸 新生代

川又の産地。北相木村を流れる相木川と南相木川とが合流するあたりから貝類や植物の化石が産出する。母岩は黒色の頁岩。

■二枚貝（不明種）
| | |
|---|---|
| 分類：軟体動物斧足類 | |
| 産地：長野県南佐久郡北相木村川又 | |
| 時代：第三紀中新世 | サイズ：長さ4.6cm |
| 母岩：頁岩 | クリーニングの難易度：B |

◎リュウグウハゴロモガイと思われる。

■ソデガイの仲間
| | |
|---|---|
| 分類：軟体動物斧足類 | |
| 産地：長野県南佐久郡北相木村川又 | |
| 時代：第三紀中新世 | サイズ：長さ2.3cm |
| 母岩：頁岩 | クリーニングの難易度：B |

◎フリソデガイと思われる。

■二枚貝（不明種）
| | |
|---|---|
| 分類：軟体動物斧足類 | |
| 産地：長野県南佐久郡北相木村川又 | |
| 時代：第三紀中新世 | サイズ：長さ4.2cm |
| 母岩：頁岩 | クリーニングの難易度：B |

◎保存が悪く種は不明。

中部・北陸 新生代

■巻き貝（不明種）
| | |
|---|---|
| 分類：軟体動物腹足類 | |
| 産地：長野県南佐久郡北相木村川又 | |
| 時代：第三紀中新世 | サイズ：大きいものの高さ2.2cm |
| 母岩：頁岩 | クリーニングの難易度：B |

◎カニモリガイの仲間と思われる。

■ケヤキ
| | |
|---|---|
| 分類：被子植物双子葉類ニレ科 | |
| 産地：長野県南佐久郡北相木村川又 | |
| 時代：第三紀中新世 | サイズ：長さ5cm |
| 母岩：頁岩 | クリーニングの難易度：B |

◎ニレ科のケヤキと思われる。

■クマシデの仲間
| | |
|---|---|
| 分類：被子植物双子葉類カバノキ科 | |
| 産地：長野県南佐久郡北相木村川又 | |
| 時代：第三紀中新世 | サイズ：長さ15cm |
| 母岩：頁岩 | クリーニングの難易度：B |

◎カバノキ科クマシデ属のサワシバに似る。この産地の植物化石は銀色に光っていて、他の産地とは産状が変わっている。

■メタセコイア
| | |
|---|---|
| 分類：裸子植物毬果類スギ科 | |
| 産地：長野県南佐久郡北相木村川又 | |
| 時代：第三紀中新世 | サイズ：長さ1.5cm |
| 母岩：頁岩 | クリーニングの難易度：B |

◎葉の付き方が対生なのでメタセコイアと思われる。

中部・北陸 新生代

朝日村大須戸の産地。この細い水路が産地だ。植物化石が多産するが、石を大きくとることができないことと層理をなしていないことにより、完全体を採集するのは難しい。

■ムカシハマナツメ

| 分類：被子植物双子葉類クロウメモドキ科 | 時代：第三紀中新世 |
|---|---|
| 産地：新潟県岩船郡朝日村大須戸 | 母岩：頁岩 |
| サイズ：長さ3.6cm | クリーニングの難易度：C |

◎葉の形状や葉柄の長さから、ムカシハマナツメと思われる。

■ケヤキの仲間

| 分類：被子植物双子葉類ニレ科 | 時代：第三紀中新世 |
|---|---|
| 産地：新潟県岩船郡朝日村大須戸 | 母岩：頁岩 |
| サイズ：左の葉の長さ2cm | クリーニングの難易度：C |

◎ニレ科のケヤキと思われる。

■コナラ

| 分類：被子植物双子葉類ブナ科 | 時代：第三紀中新世 |
|---|---|
| 産地：新潟県岩船郡朝日村大須戸 | 母岩：頁岩 |
| サイズ：長さ8.7cm | クリーニングの難易度：C |

◎葉の形状と鋸歯の状況からブナ科のコナラと思われる。

■クヌギの仲間

分類：被子植物双子葉類ブナ科
産地：新潟県岩船郡朝日村大須戸
時代：第三紀中新世
サイズ：A-長さ9cm,
　　　　B-長さ16cm
母岩：頁岩
クリーニングの難易度：C

◎ブナ科のクヌギと思われる。大須戸は植物化石が多産するが、完全体が得にくく、同定は難しい。

A　　　B

中部・北陸 新生代

笹神村魚岩の産地。この付近に露出する地層からは魚類の化石が多産する。一度に大量死したものと思われ、完全なものは少ない。また、地層は硫黄分を含み、放置すると母岩が破損するので、樹脂で皮膜をつくったほうがよい。

■魚類（不明種）

| 分類：脊椎動物硬骨魚類 | |
|---|---|
| 産地：新潟県北蒲原郡笹神村魚岩 | |
| 時代：第三紀中新世 | サイズ：体長8cm |
| 母岩：頁岩 | クリーニングの難易度：C |

◎種類は不明。

■魚類（不明種）

| 分類：脊椎動物硬骨魚類 | |
|---|---|
| 産地：新潟県北蒲原郡笹神村魚岩 | |
| 時代：第三紀中新世 | サイズ：体長9cm |
| 母岩：頁岩 | クリーニングの難易度：C |

◎種類は不明。このように体が曲がって化石になっているものが多い。

■魚鱗（不明種）

| 分類：脊椎動物硬骨魚類 | |
|---|---|
| 産地：新潟県北蒲原郡笹神村魚岩 | |
| 時代：第三紀中新世 | サイズ：径5mm |
| 母岩：頁岩 | クリーニングの難易度：C |

◎地層の中に魚鱗が散乱する。

中部・北陸 新生代

大沢野町土の産地。土川の川底が産地だ。中新世とは思えないくらいの軟らかさで，化石も壊れやすい。ビカリアが多産する。

■アナダラ

| 分類：軟体動物斧足類 | |
|---|---|
| 産地：富山県上新川郡大沢野町土 | |
| 時代：第三紀中新世 | サイズ：長さ5.5cm |
| 母岩：泥岩 | クリーニングの難易度：C |

◎アカガイの一種。

■ガンセキボラモドキ？

| 分類：軟体動物腹足類 | |
|---|---|
| 産地：富山県上新川郡大沢野町土 | |
| 時代：第三紀中新世 | サイズ：高さ3.2cm |
| 母岩：泥岩 | クリーニングの難易度：C |

◎保存が悪いので同定は難しい。

中部・北陸 新生代

■ビカリア
分類：軟体動物腹足類
産地：富山県上新川郡大沢野町土
時代：第三紀中新世
サイズ：高さ8.5cm
母岩：泥岩
クリーニングの難易度：B
◎ビカリアは多産するが、保存が悪く完全体を採集するのは大変難しい。

■ビカリエラ
分類：軟体動物腹足類
産地：富山県上新川郡大沢野町土
時代：第三紀中新世
サイズ：高さ3.7cm
母岩：泥岩
クリーニングの難易度：B
◎化石は殻がもろく、中も空洞になっていて壊れやすい。

■ヘナタリ？
分類：軟体動物腹足類
産地：富山県上新川郡大沢野町土
時代：第三紀中新世
サイズ：高さ2.5cm
母岩：泥岩
クリーニングの難易度：C
◎ウミニナ科のヘナタリと思われるが断定はできない。

中部・北陸 新生代

八尾町深谷の産地。グラウンドのような採石場の跡からサメの歯化石が拾える。雨上がりがもっとも良い。

■サメの脊椎（不明種）

| 分類：脊椎動物軟骨魚類 | 時代：第三紀中新世 |
|---|---|
| 産地：富山県婦負郡八尾町深谷 | 母岩：砂泥岩 |
| サイズ：径1.9cm | クリーニングの難易度：B |

◎脊椎には小さな砂粒が付着し、クリーニングは大変やっかいだ。

■サメの歯（不明種）←

| 分類：脊椎動物軟骨魚類 | 時代：第三紀中新世 |
|---|---|
| 産地：富山県婦負郡八尾町深谷 | 母岩：砂泥岩 |
| サイズ：高さ0.8cm | クリーニングの難易度：E |

◎メジロザメ属の一種と思われるが詳しくは不明。

■メジロザメ（学名：カルカリヌス）

| 分類：脊椎動物軟骨魚類 | 時代：第三紀中新世 |
|---|---|
| 産地：富山県婦負郡八尾町深谷 | 母岩：砂泥岩 |
| サイズ：A-高さ0.9cm、B-高さ0.8cm、C-高さ1cm | |
| クリーニングの難易度：E | |

◎産出するサメの歯はメジロザメがほとんどで、しかも全般的に小型である。

119

中部・北陸 新生代

■アナダラ
| 分類：軟体動物斧足類 | |
|---|---|
| 産地：石川県輪島市徳成 | |
| 時代：第三紀中新世 | サイズ：長さ4.8cm |
| 母岩：泥岩 | クリーニングの難易度：C |

◎アカガイの一種。保存は良好で、母岩からうまく取り出せる。

■ノトビカリエラ
| 分類：軟体動物腹足類 | |
|---|---|
| 産地：石川県輪島市徳成 | |
| 時代：第三紀中新世 | サイズ：高さ4cm |
| 母岩：泥岩 | クリーニングの難易度：C |

◎母岩が軟らかいので、比較的クリーニングは楽だ。

輪島市輪島崎の鴨が浦には砂岩の地層が露出しており、所どころに化石が散在する。

■アオザメ（学名：イスルス）
| 分類：脊椎動物軟骨魚類 | |
|---|---|
| 産地：石川県輪島市輪島崎町鴨が浦 | |
| 時代：第三紀中新世 | サイズ：歯冠の高さ3cm |
| 母岩：砂岩 | クリーニングの難易度：C |

◎砂岩の表面をよく見ると、ときおりサメの歯が見つかる。ここのサメの歯は、概して歯冠が赤っぽい色をしている。

景勝地の富来町関野鼻は化石の産地でもある。砂岩の多くは貝殻石灰岩となり、ちょっとしたカルスト地形も形成している。

■タテスジホウズキガイ
| | |
|---|---|
| 分類：腕足動物有関節類 | |
| 産地：石川県羽咋郡富来町関野鼻 | |
| 時代：第三紀中新世 | サイズ：高さ2.1cm |
| 母岩：貝殻石灰岩 | クリーニングの難易度：C |

◎貝殻石灰岩の中には腕足類やウニなどが入っている。

■ムカシチサラガイ
| | |
|---|---|
| 分類：軟体動物斧足類 | |
| 産地：石川県羽咋郡富来町関野鼻 | |
| 時代：第三紀中新世 | サイズ：高さ5cm |
| 母岩：石灰質砂岩 | クリーニングの難易度：B |

◎殻の内側が出たため、石膏を流して殻の内側に人工的に母岩をつくり、外形を出したもの。多くの鱗片突起が特徴。

■イトカケガイの一種
| | |
|---|---|
| 分類：軟体動物腹足類 | |
| 産地：石川県羽咋郡富来町関野鼻 | |
| 時代：第三紀中新世 | サイズ：高さ5cm |
| 母岩：石灰質砂岩 | クリーニングの難易度：B |

◎この産地では、ムカシチサラガイとイトカケガイが多産する。

中部・北陸　新生代

中部・北陸 新生代

■フジツボの一種
| 分類：節足動物蔓脚類 | |
| --- | --- |
| 産地：石川県羽咋郡富来町関野鼻 | |
| 時代：第三紀中新世 | サイズ：高さ2cm |
| 母岩：石灰質砂岩 | クリーニングの難易度：C |

◎外形を保ったままのフジツボ。

■ウニの棘（不明種）
| 分類：棘皮動物ウニ類 | |
| --- | --- |
| 産地：石川県羽咋郡富来町関野鼻 | |
| 時代：第三紀中新世 | サイズ：高さ約2cm |
| 母岩：貝殻石灰岩 | クリーニングの難易度：C |

◎貝殻石灰岩を構成するもののなかではウニが比較的多い。本体は分離が難しく、ときおり風化面で棘が採集できる。

■アオザメ（学名：イスルス）
| 分類：脊椎動物軟骨魚類 | 産地：石川県羽咋郡富来町関野鼻 | 時代：第三紀中新世 |
| --- | --- | --- |
| サイズ：歯冠の高さ2cm | 母岩：石灰質砂岩 | クリーニングの難易度：E |

◎砂岩の表面にサメの歯を発見した。風化して岩から飛び出しているのがわかる。歯根はないが美しいイスルスである。

中部・北陸 新生代

瑞浪市化石博物館指定の化石採集場。瑞浪市土岐川の河原ではサメの歯や貝化石が多産する。夏休みは毎日何十人という人でにぎわう。

■パチノペクテン・エグレギウス

| 分類：軟体動物斧足類 | |
|---|---|
| 産地：岐阜県瑞浪市松ヶ瀬町土岐川 | |
| 時代：第三紀中新世 | サイズ：高さ4.6cm |
| 母岩：砂質凝灰岩 | クリーニングの難易度：C |

◎左殻。殻の内側が出たため、接着剤を流して人工的に母岩をつくり、あらためて外形を出したもの。次頁のクリーニングのポイントを参照。

■ニシキガイ（学名：クラミス・ミノエンシス）

| 分類：軟体動物斧足類 | |
|---|---|
| 産地：岐阜県瑞浪市松ヶ瀬町土岐川 | |
| 時代：第三紀中新世 | サイズ：高さ4.8cm |
| 母岩：砂質凝灰岩 | クリーニングの難易度：C |

◎左殻。左の写真の標本と同じ要領でクリーニングしたもの。次頁のクリーニングのポイントを参照。

採集とクリーニングのポイント 2
# 裏返しになった化石のクリーニング

二枚貝化石で殻の外側が母岩の上に浮き出ていればそのままタガネでクリーニングすればいいのだが，往々にして内側が出てしまうことがある。それは内側のほうがつるっとしていて分離しやすいためである。そこで，この状態から外形を出す方法を解説する。

①採集したままの状態だ。どうしてもつるっとした殻の内側が出てしまうことが多い。

②まず，殻の内側をきれいにし，貝殻の周囲の母岩を平らにする。収縮しにくい接着剤（場合によっては石膏）を殻の内側に流しこむと同時に，殻の周囲にも広めに塗布する。あとの作業のためにできるだけ平面に仕上げる。このとき，貝殻の表面に接着剤が付着しないように気をつける。

③補強のため，厚めのベニヤ板を張りつける。

④十分固まったら化石を母岩からはがす。このとき，しばらく水につけておくと石が軟らかくなって崩しやすい。

⑤あらためて殻の表面をクリーニングする。母岩の欠けているところは，ベニヤ板に接着剤を塗って母岩の粉末をふりかける。

⑥台に張って標本を仕上げる。前頁の2点，戸隠村のシナノホタテ（129頁下段）もこのようにして標本を作製している。

中部・北陸　新生代

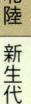

■マテガイ（学名：ソレン）
分類：軟体動物斧足類
産地：岐阜県瑞浪市松ヶ瀬町土岐川
時代：第三紀中新世　　サイズ：長さ約15cm
母岩：砂質凝灰岩　　　クリーニングの難易度：B
◎マテガイは多産するが、殻が母岩からはがれやすく、よほど注意深く採集しないと壊れてしまう。

■ゲンロクソデガイ
分類：軟体動物斧足類
産地：岐阜県瑞浪市松ヶ瀬町土岐川
時代：第三紀中新世　　サイズ：長さ1.5cm
母岩：砂質凝灰岩　　　クリーニングの難易度：C
◎ゲンロクソデガイも殻が壊れやすい。

■ツリテラ・サガイ
分類：軟体動物腹足類
産地：岐阜県瑞浪市松ヶ瀬町土岐川
時代：第三紀中新世　　サイズ：高さ3.2cm
母岩：砂質凝灰岩　　　クリーニングの難易度：C
◎ツリテラの中はたいていお下がりになっている。

■タカラガイ
分類：軟体動物腹足類
産地：岐阜県瑞浪市釜戸町荻の島
時代：第三紀中新世　　サイズ：高さ2.8cm
母岩：砂質凝灰岩　　　クリーニングの難易度：D
◎殻は溶け去って保存が悪いので、同定は難しい。

中部・北陸 新生代

福井市鮎川町の海岸で護岸工事が行われ、ビカリアの産出層が大きく削られた。冬場だったので、海が荒れることが多く、採集は困難をきわめた。化石は貝殻も方解石に変化していて、熱い凝灰岩が降り積もって熱変成を受けたものと思われる。

■オキシジミ（学名：シクリナ）

| 分類：軟体動物斧足類 | |
|---|---|
| 産地：福井県福井市鮎川町 | |
| 時代：第三紀中新世 | サイズ：長さ4cm |
| 母岩：凝灰岩 | クリーニングの難易度：B |

◎この産地のシクリナは殻が溶けているのが普通だ。

A

B

■アナダラ

| 分類：軟体動物斧足類 | 産地：福井県福井市鮎川町 | 時代：第三紀中新世 |
|---|---|---|
| サイズ：A-長さ4.5cm、B-長さ4.5cm | 母岩：凝灰岩 | クリーニングの難易度：B |

◎殻の残っている化石はこのように方解石になっている。分離は全般的に悪く、きれいな標本は得難い。

中部・北陸 新生代

■ビカリア

| 分類：軟体動物腹足類 | 産地：福井県福井市鮎川町 | 時代：第三紀中新世 |
|---|---|---|
| サイズ：A-高さ8cm、B-高さ8cm | 母岩：凝灰岩 | クリーニングの難易度：B |

◎ビカリアは多産したが、分離が非常に悪く、棘まで出せるものはきわめて少ない。右の標本は殻が溶けて方解石の透明なお下がり状態で見つかったもの。

■ビカリエラ

| 分類：軟体動物腹足類 | |
|---|---|
| 産地：福井県福井市鮎川町 | |
| 時代：第三紀中新世 | サイズ：高さ5cm |
| 母岩：凝灰岩 | クリーニングの難易度：B |

◎ここではビカリエラの産出は少ない。この標本は完全に透けて見える。

■カニの爪

| 分類：節足動物甲殻類 | |
|---|---|
| 産地：福井県福井市鮎川町 | |
| 時代：第三紀中新世 | サイズ：長さ4.5cm |
| 母岩：凝灰岩 | クリーニングの難易度：B |

◎カニ類、あるいはアナジャコの爪と思われる。

127

中部・北陸 新生代

長野県戸隠村を流れる裾花川流域には鮮新世の柵層が分布し、たくさんの化石が産出する。特にホタテガイ類の産出が多い。

道路の拡張工事の際に産出したシナノホタテ。

■シナノホタテ
分類：軟体動物斧足類イタヤガイ科
産地：長野県上水内郡戸隠村
時代：第三紀鮮新世
サイズ：高さ9cm
母岩：砂岩
クリーニングの難易度：C
◎これは両殻で産出した標本の左殻側を見たもの。

■シナノホタテ
分類：軟体動物斧足類イタヤガイ科
産地：長野県上水内郡戸隠村
時代：第三紀鮮新世
サイズ：高さ約6cm
母岩：砂岩
クリーニングの難易度：B
◎右殻。殻の内側が出たため，石膏を流して人工的に母岩をつくり，あらためて外形を出したもの。

中部・北陸　新生代

中部・北陸 新生代

■シガラミサルボウ

| 分類：軟体動物斧足類フネガイ科 | 産地：長野県上水内郡戸隠村 | 時代：第三紀鮮新世 |
|---|---|---|
| サイズ：長さ6.8cm | 母岩：砂岩 | クリーニングの難易度：C |

◎柵動物群集の特徴種のひとつ。かなり長細い。

■ニシキガイ(学名：クラミス)

| 分類：軟体動物斧足類イタヤガイ科 | |
|---|---|
| 産地：長野県上水内郡戸隠村 | |
| 時代：第三紀鮮新世 | サイズ：高さ5cm |
| 母岩：砂岩 | クリーニングの難易度：D |

◎殻がはがれて保存は良くない。

■タマガイ科の一種

| 分類：軟体動物腹足類タマガイ科 | |
|---|---|
| 産地：長野県上水内郡戸隠村 | |
| 時代：第三紀鮮新世 | サイズ：高さ5cm |
| 母岩：砂岩 | クリーニングの難易度：D |

◎タマガイの一種。保存は良くない。

中部・北陸 新生代

■ナサバイ

| 分類：軟体動物腹足類エゾバイ科 | 時代：第三紀鮮新世 |
|---|---|
| 産地：静岡県掛川市掛川駅北方 | 母岩：シルト |
| サイズ：高さ3.7cm | クリーニングの難易度：D |

◎掛川地方の貝化石群集は、高知県唐浜と並んで鮮新世の暖流系を示している。ナサバイは普通種で多産する。

■アカニシ？

| 分類：軟体動物腹足類アクキガイ科 | 時代：第三紀鮮新世 |
|---|---|
| 産地：静岡県掛川市掛川駅北方 | 母岩：シルト |
| サイズ：高さ3.5cm | クリーニングの難易度：D |

◎幼殻のため同定は難しい。アカニシに似るが、他の種類の可能性もある。

■ウスタマガイ？

| 分類：軟体動物腹足類タマガイ科 | 時代：第三紀鮮新世 |
|---|---|
| 産地：静岡県掛川市掛川駅北方 | 母岩：シルト |
| サイズ：高さ2.4cm | クリーニングの難易度：D |

◎タマガイの一種。保存は良くない。

■ツメタガイ

| 分類：軟体動物腹足類タマガイ科 | 時代：第三紀鮮新世 |
|---|---|
| 産地：静岡県掛川市掛川駅北方 | 母岩：シルト |
| サイズ：径2.6cm | クリーニングの難易度：D |

◎ツメタガイの一種。

■イボキサゴ

| 分類：軟体動物腹足類ニシキウズ科 | 時代：第三紀鮮新世 |
|---|---|
| 産地：静岡県掛川市掛川駅北方 | 母岩：シルト |
| サイズ：径2.4cm | クリーニングの難易度：D |

◎縫合の直下にイボが並ぶ。

■巻き貝（不明種）

| 分類：軟体動物腹足類 | 時代：第三紀鮮新世 |
|---|---|
| 産地：静岡県掛川市掛川駅北方 | 母岩：シルト |
| サイズ：高さ3.1cm | クリーニングの難易度：D |

◎タケノコガイ科のトクサガイに似る。

中部・北陸 新生代

高岡市頭川での採集の様子。崖を横から掘るのではなく、地層の下へ下へと掘っていくのが採集のポイント。

■マツモリツキヒ（学名：ミヤギペクテン・マツモリエンシス）

| 分類：軟体動物斧足類イタヤガイ科 ||
|---|---|
| 産地：富山県高岡市石堤 ||
| 時代：第三紀鮮新世 | サイズ：高さ7cm |
| 母岩：砂岩 | クリーニングの難易度：D |

◎中型のツキヒガイ。殻表は平滑だ。

■トクナガホタテ

| 分類：軟体動物斧足類イタヤガイ科 |
|---|
| 産地：富山県高岡市頭川 |
| 時代：第三紀鮮新世 |
| サイズ：高さ16cm |
| 母岩：砂岩 |
| クリーニングの難易度：B |

◎大型のホタテガイの一種。左殻では放射肋が細い。

■イガイ(学名：ミチルス)
分類：軟体動物斧足類イガイ科
産地：富山県高岡市頭川
時代：第三紀鮮新世
サイズ：長さ15.5cm
母岩：砂岩
クリーニングの難易度：B
◎イガイとしてはとてつもなく大きい。破片の産出も多く、大きいものでは20cmをこえるものもいたようだ。壊れやすく採集は大変難しい。

■イガイ(学名：ミチルス)
分類：軟体動物斧足類イガイ科
産地：富山県高岡市頭川
時代：第三紀鮮新世
サイズ：長さ12.5cm
母岩：砂岩
クリーニングの難易度：B
◎両殻で産出したイガイ。ツルハシで突き刺したため、復元が大変だった。

中部・北陸　新生代

中部・北陸 新生代

■エゾキンチャク
(学名:スイフトペクテン・スイフティー)
分類:軟体動物斧足類イタヤガイ科
産地:富山県高岡市頭川
時代:第三紀鮮新世
サイズ:高さ12cm
母岩:砂岩
クリーニングの難易度:D

◎両殻で産出したエゾキンチャク。このように白っぽいものもあれば、真っ黒な殻もある。左殻・右殻ともにふくらむ。下は側面から見たもの。

採集とクリーニングのポイント3
# 化石の採集法

化石を壊さず、できるだけ完全な状態で採集する方法を解説する。
（標本は132頁下段のトクナガホタテ）

①地層を掘っていると大きなホタテガイが出てきた。このとき、横に掘るのではなく、下へ下へと掘っていくことが肝心だ。

②完全な状態で採集するため、できるだけ母岩を大きく削る。

③ようやく化石の周囲を大きく掘ることができた。

④最後にツルハシで一撃して母岩つきのままで取り出す。あとはカッターナイフなどで周囲を削り、形を整えて完了だ。

中部・北陸 新生代

金沢市郊外、大桑町を流れる犀川の化石産地。これは大桑貝殻橋から下流を見たところだ。鮮新世から更新世にかけての海成層で、たくさんの化石が産出する。

■エゾタマキガイ（学名：グリキメリス）

分類：軟体動物斧足類タマキガイ科
産地：石川県金沢市大桑町犀川河床
時代：第四紀更新世　　サイズ：長さ4.7cm
母岩：砂質泥層　　　　クリーニングの難易度：D
◎ふくらみは弱い。

■オンマイシカゲガイ

分類：軟体動物斧足類ザルガイ科
産地：石川県金沢市大桑町犀川河床
時代：第四紀更新世　　サイズ：長さ7.5cm
母岩：砂質泥層　　　　クリーニングの難易度：C
◎概して大きく、12cmをこえるものが産出する。

■キララガイ（学名：アシラ）

分類：軟体動物斧足類クルミガイ科
産地：石川県金沢市大桑町犀川河床
時代：第四紀更新世　　サイズ：長さ1.8cm
母岩：砂質泥層　　　　クリーニングの難易度：C
◎殻は非常に小さく、合弁で産出することが多い。

中部・北陸 新生代

■ヨコヤマホタテ（学名：ミズホペクテン・エゾエンシス・ヨコヤマエ）

| | |
|---|---|
| 分類：軟体動物斧足類イタヤガイ科 | |
| 産地：石川県金沢市大桑町犀川河床 | |
| 時代：第四紀更新世 | サイズ：高さ10cm |
| 母岩：砂質泥層 | クリーニングの難易度：C |

◎殻は大きく、殻表には約40本ほどの放射肋がある。多産種。

■ホクリクホタテ（学名：ミズホペクテン・トウキョウエンシス・ホクリクエンシス）

| | |
|---|---|
| 分類：軟体動物斧足類イタヤガイ科 | |
| 産地：石川県金沢市大桑町犀川河床 | |
| 時代：第四紀更新世 | サイズ：高さ9.5cm |
| 母岩：砂質泥層 | クリーニングの難易度：C |

◎トウキョウホタテの仲間で、殻は大きく、殻表には6、7本の放射肋がある。多産種。

■ナガサルボウ（学名：アナダラ）

| | |
|---|---|
| 分類：軟体動物斧足類フネガイ科 | |
| 産地：石川県金沢市大桑町犀川河床 | |
| 時代：第四紀更新世 | サイズ：長さ7.2cm |
| 母岩：砂質泥層 | クリーニングの難易度：C |

◎長細いタイプのサルボウガイ。殻表の放射肋は数条に分かれている。多産種。

■ツヤガラス（学名：モディオルス）

| | |
|---|---|
| 分類：軟体動物斧足類イガイ科 | |
| 産地：石川県金沢市大桑町犀川河床 | |
| 時代：第四紀更新世 | サイズ：長さ7cm |
| 母岩：砂質泥層 | クリーニングの難易度：D |

◎ヒバリガイの仲間で、殻頂横のラインが真っ直ぐにのびる。

中部・北陸 新生代

■サイシュウキリガイダマシ（学名：ツリテラ）
| 分類 | 軟体動物腹足類キリガイダマシ科 | |
|---|---|---|
| 産地 | 石川県金沢市大桑町犀川河床 | |
| 時代 | 第四紀更新世 | サイズ：高さ5.8cm |
| 母岩 | 砂質泥層 | クリーニングの難易度：C |

◎螺層には3条の螺肋がある。多産種。

■ヒメエゾボラ？
| 分類 | 軟体動物腹足類エゾバイ科 | |
|---|---|---|
| 産地 | 石川県金沢市大桑町犀川河床 | |
| 時代 | 第四紀更新世 | サイズ：高さ9.5cm |
| 母岩 | 砂質泥層 | クリーニングの難易度：C |

◎肩にはこぶ状の突起が並ぶ。ヒメエゾボラに似るが、螺塔が高く疑問。

■オニフジツボ
| 分類 | 節足動物蔓脚類 | |
|---|---|---|
| 産地 | 石川県金沢市大桑町犀川河床 | |
| 時代 | 第四紀更新世 | サイズ：高さ2.5cm，径3.2cm |
| 母岩 | 砂質泥層 | クリーニングの難易度：C |

◎クジラの皮膚に埋没して生活するフジツボ類。

■キタサンショウウニ
| 分類 | 棘皮動物ウニ類 | |
|---|---|---|
| 産地 | 石川県金沢市大桑町犀川河床 | |
| 時代 | 第四紀更新世 | サイズ：右の径3.7cm |
| 母岩 | 砂質泥層 | クリーニングの難易度：D |

◎大桑層からはこのほかにカシパンウニやブンブクウニ等が産出する。

中部・北陸 | 新生代

珠洲市平床一帯には、今から約10数万年前に堆積した地層が分布している。たくさんの貝化石が産出していて、その数は100種類をこえている。

■ザルガイ

| 分類：軟体動物斧足類ザルガイ科 | 時代：第四紀更新世 |
|---|---|
| 産地：石川県珠洲市平床 | 母岩：砂質泥層 |
| サイズ：長さ4cm | クリーニングの難易度：D |

◎やや縦長の形をしている。殻表には40数本の放射肋がある。

■バカガイ

| 分類：軟体動物斧足類バカガイ科 | 時代：第四紀更新世 |
|---|---|
| 産地：石川県珠洲市平床 | 母岩：砂質泥層 |
| サイズ：長さ6.5cm | クリーニングの難易度：D |

◎やや三角形をしていて、殻頂は中央に位置する。殻表は中央部では平滑で、周辺部では成長肋が強く現れる。

■オオトリガイ

| 分類：軟体動物斧足類バカガイ科 | 時代：第四紀更新世 |
|---|---|
| 産地：石川県珠洲市平床 | 母岩：砂質泥層 |
| サイズ：長さ6cm | クリーニングの難易度：D |

◎殻は薄くて平たい。後方にのび、ユキノアシタガイを短くしたような感じである。

■ホクロガイ

| 分類：軟体動物斧足類バカガイ科 | 時代：第四紀更新世 |
|---|---|
| 産地：石川県珠洲市平床 | 母岩：砂質泥層 |
| サイズ：長さ6cm | クリーニングの難易度：D |

◎やや長い三角形をしている。殻表には強い成長肋がある。

中部・北陸 新生代

■カガミガイ(学名：ドシニア)
| 分類：軟体動物斧足類マルスダレガイ科 | 時代：第四紀更新世 |
| 産地：石川県珠洲市平床 | 母岩：砂質泥層 |
| サイズ：長さ6.7cm | クリーニングの難易度：D |

◎ややふくらみ、殻表の成長肋もやや荒い。

■トリガイ
| 分類：軟体動物斧足類ザルガイ科 | 時代：第四紀更新世 |
| 産地：石川県珠洲市平床 | 母岩：砂質泥層 |
| サイズ：長さ3.7cm | クリーニングの難易度：D |

◎殻は薄く、よくふくらんでいる。殻表には弱い放射肋がたくさんある。壊れやすいので採集には注意が必要。

■オニアサリ
| 分類：軟体動物斧足類マルスダレガイ科 | 時代：第四紀更新世 |
| 産地：石川県珠洲市平床 | 母岩：砂質泥層 |
| サイズ：長さ5.3cm | クリーニングの難易度：D |

◎殻はよくふくらみ、殻表は強い放射肋と成長肋とが交差する。

■マツヤマワスレ
| 分類：軟体動物斧足類マルスダレガイ科 | 時代：第四紀更新世 |
| 産地：石川県珠洲市平床 | 母岩：砂質泥層 |
| サイズ：長さ4.2cm | クリーニングの難易度：D |

◎殻は長細く、殻表は平滑でつやっぽい。

■フスマガイ
| 分類：軟体動物斧足類マルスダレガイ科 | 時代：第四紀更新世 |
| 産地：石川県珠洲市平床 | 母岩：砂質泥層 |
| サイズ：長さ4.3cm | クリーニングの難易度：D |

◎殻は薄く太い成長肋がある。殻頂はやや前方による。殻は壊れやすい。

■ハナイタヤ
| 分類：軟体動物斧足類イタヤガイ科 | 時代：第四紀更新世 |
| 産地：石川県珠洲市平床 | 母岩：砂質泥層 |
| サイズ：高さ2cm | クリーニングの難易度：D |

◎イタヤガイの類ではもっとも小さく放射肋も多い。

■ウミギクガイ

| 分類：軟体動物斧足類ウミギク科 | |
|---|---|
| 産地：石川県珠洲市平床 | |
| 時代：第四紀更新世 | サイズ：高さ4cm |
| 母岩：砂質泥層 | クリーニングの難易度：D |

◎2枚の殻は関節のようになった歯でくっついており、殻表は長い棘でおおわれている。

■スダレモシオ

| 分類：軟体動物斧足類モシオガイ科 | |
|---|---|
| 産地：石川県珠洲市平床 | |
| 時代：第四紀更新世 | サイズ：長さ2.5cm |
| 母岩：砂質泥層 | クリーニングの難易度：E |

◎大きさの割に殻が厚くて重厚だ。殻表は強い成長肋で刻まれる。化石は黄色く色が残っていて美しい。

■ミノガイ科の一種

| 分類：軟体動物斧足類ミノガイ科 | |
|---|---|
| 産地：石川県珠洲市平床 | |
| 時代：第四紀更新世 | サイズ：長さ3.2cm |
| 母岩：砂質泥層 | クリーニングの難易度：D |

◎殻表の細い放射肋と、やや段状になる成長肋から、ミダレハネガイと思われる。

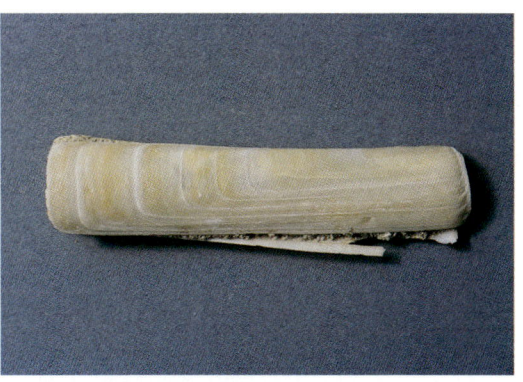

■マテガイ科の一種

| 分類：軟体動物斧足類マテガイ科 | |
|---|---|
| 産地：石川県珠洲市平床 | |
| 時代：第四紀更新世 | サイズ：長さ7.8cm |
| 母岩：砂質泥層 | クリーニングの難易度：D |

◎高さと長さの比から、アカマテガイあるいはエゾマテガイと思われる。

中部・北陸 新生代

中部・北陸 新生代

■ツメタガイ
分類：軟体動物腹足類タマガイ科
産地：石川県珠洲市平床
時代：第四紀更新世　サイズ：径約8cm
母岩：砂質泥層　クリーニングの難易度：E
◎大きくて丸みがある。殻も厚く頑丈。

■フクロガイ
分類：軟体動物腹足類タマガイ科
産地：石川県珠洲市平床
時代：第四紀更新世　サイズ：径4.5cm
母岩：砂質泥層　クリーニングの難易度：D
◎ツメタガイの仲間で、扁平で口が大きい。殻頂部の紫色がそのまま残っている。

■タマガイ科の一種
分類：軟体動物腹足類タマガイ科
産地：石川県珠洲市平床
時代：第四紀更新世　サイズ：高さ2.2cm
母岩：砂質泥層　クリーニングの難易度：D
◎殻は丸く、表面は平滑。

■バイ(学名：バビロニア)
分類：軟体動物腹足類エゾバイ科
産地：石川県珠洲市平床
時代：第四紀更新世　サイズ：高さ5cm
母岩：砂質泥層　クリーニングの難易度：D
◎バイと思われるが、淡く残る模様はウスイロバイに似る。

中部・北陸 新生代

■マクラガイ
分類：軟体動物腹足類マクラガイ科
産地：石川県珠洲市平床
時代：第四紀更新世　　サイズ：高さ2.9cm
母岩：砂質泥層　　　　クリーニングの難易度：E
◎螺塔はへこまない。殻表は平滑で、きわめて美しい光沢がある。模様も少し残っている。

■カニモリガイ
分類：軟体動物腹足類タケノコカニモリ科
産地：石川県珠洲市平床
時代：第四紀更新世　　サイズ：高さ3.3cm
母岩：砂質泥層　　　　クリーニングの難易度：E
◎殻は細長く、15層ほどある。縫合直下にやや大きな顆粒が、全体に小さな顆粒がある。口は小さい。

■ウラシマガイ
分類：軟体動物腹足類トウカムリガイ科
産地：石川県珠洲市平床
時代：第四紀更新世　　サイズ：高さ4.2cm
母岩：砂質泥層　　　　クリーニングの難易度：D
◎殻表には浅い螺状脈がある。螺塔はとがっている。

■テングニシ
分類：軟体動物腹足類テングニシ科
産地：石川県珠洲市平床
時代：第四紀更新世　　サイズ：高さ14cm
母岩：砂質泥層　　　　クリーニングの難易度：D
◎螺塔はやや高く、体層は長い。結節突起がある。

## ■ムシロガイ

| 分類：軟体動物腹足類ムシロガイ科 | |
|---|---|
| 産地：石川県珠洲市平床 | |
| 時代：第四紀更新世 | サイズ：高さ2.5cm |
| 母岩：砂質泥層 | クリーニングの難易度：D |

◎ハナムシロにも似るが、口の周りの滑層の広がり具合からムシロガイと思われる。

## ■アラレガイ

| 分類：軟体動物腹足類ムシロガイ科 | |
|---|---|
| 産地：石川県珠洲市平床 | |
| 時代：第四紀更新世 | サイズ：高さ2.8cm |
| 母岩：砂質泥層 | クリーニングの難易度：D |

◎ムシロガイに似るが体層はさらに大きくなり、肩の角上の顆粒は大きい。

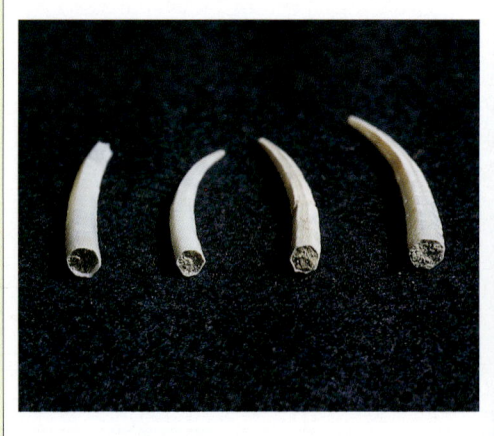

## ■ムカドツノガイ

| 分類：軟体動物掘足類ツノガイ科 | |
|---|---|
| 産地：石川県珠洲市平床 | |
| 時代：第四紀更新世 | サイズ：径3〜4mm |
| 母岩：砂質泥層 | クリーニングの難易度：E |

◎これらの標本のように、六角形を示すものや七角形を示すものもあって多様である。右2つは七角形。

## ■ヨツアナカシパン

| 分類：棘皮動物ウニ類 | |
|---|---|
| 産地：石川県珠洲市平床 | |
| 時代：第四紀更新世 | サイズ：長径3.5cm |
| 母岩：砂質泥層 | クリーニングの難易度：D |

◎カシパンウニの仲間。概して小型でやや細長い。よく見ると十六角形をしている。

# 近畿

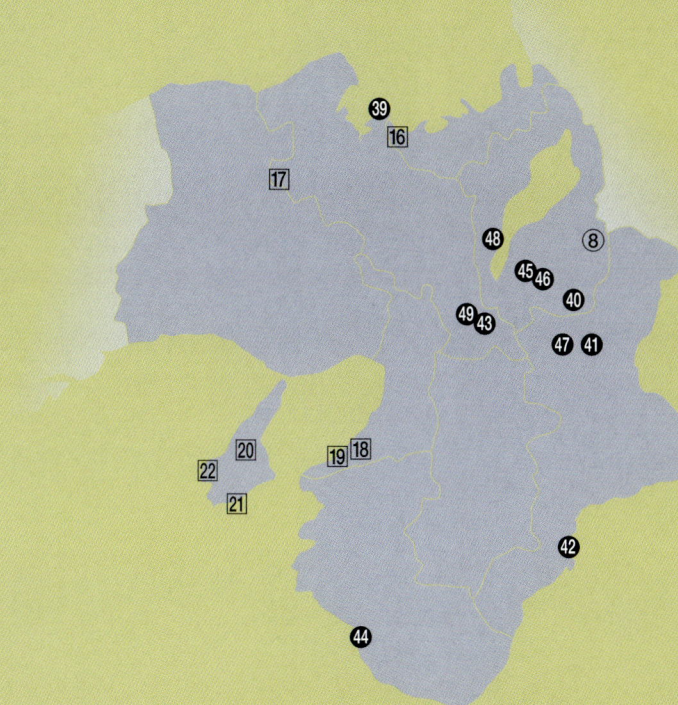

| 産地 | 地質時代 |
|---|---|
| **古生代** | |
| ⑧ 滋賀県犬上郡多賀町エチガ谷 | ペルム紀 |
| **中生代** | |
| ⑯ 福井県大飯郡高浜町難波江 | 三畳紀 |
| ⑰ 京都府天田郡夜久野町割石谷 | 三畳紀 |
| ⑱ 大阪府貝塚市蕎原 | 白亜紀 |
| ⑲ 大阪府泉佐野市滝の池 | 白亜紀 |
| ⑳ 兵庫県三原郡緑町広田広田 | 白亜紀 |
| ㉑ 兵庫県三原郡南淡町地野 | 白亜紀 |
| ㉒ 兵庫県三原郡西淡町阿那賀 | 白亜紀 |

| 産地 | 地質時代 |
|---|---|
| **新生代** | |
| ㊴ 福井県大飯郡高浜町山中, 名島 | 第三紀中新世 |
| ㊵ 滋賀県甲賀郡土山町鮎河, 大沢 | 第三紀中新世 |
| ㊶ 三重県安芸郡美里村柳谷, 家所 | 第三紀中新世 |
| ㊷ 三重県尾鷲市行野浦 | 第三紀中新世 |
| ㊸ 京都府綴喜郡宇治田原町奥山田 | 第三紀中新世 |
| ㊹ 和歌山県西牟婁郡白浜町藤島 | 第三紀中新世 |
| ㊺ 滋賀県甲賀郡甲西町野洲川 | 第三紀鮮新世 |
| ㊻ 滋賀県甲賀郡水口町野洲川 | 第三紀鮮新世 |
| ㊼ 三重県阿山郡大山田村服部川 | 第三紀鮮新世 |
| ㊽ 滋賀県大津市雄琴 | 第四紀更新世 |
| ㊾ 京都府京都市伏見区深草中ノ郷山町 | 第四紀更新世 |

近畿　古生代

■プロダクタス

| 分類：腕足動物有関節類 | 産地：滋賀県犬上郡多賀町エチガ谷 | 時代：ペルム紀 |
|---|---|---|
| サイズ：長さ5cm | 母岩：石灰岩 | クリーニングの難易度：B |

◎プロダクタスは殻表に棘を持ち、殻は大きく湾曲する。右は側面。(中川標本)

■オウムガイの一種

| 分類：軟体動物頭足類 | 産地：滋賀県犬上郡多賀町エチガ谷 | 時代：ペルム紀 |
|---|---|---|
| サイズ：長径4.2cm | 母岩：石灰岩 | クリーニングの難易度：D |

◎隔壁の状況からオウムガイと思われる。(小林標本)

近畿　中生代

高浜町難波江ではここ何年か工事が続いていて、たくさんの化石が産出している。

■腕足類の一種

| 分類：腕足動物有関節類 | |
|---|---|
| 産地：福井県大飯郡高浜町難波江 | |
| 時代：三畳紀 | サイズ：長さ2.9cm |
| 母岩：泥岩 | クリーニングの難易度：C |

◎スピリフェリノイデスの一種と思われるが、変形がはなはだしく定かでない。

■リンコネラの一種

| 分類：腕足動物有関節類 | |
|---|---|
| 産地：福井県大飯郡高浜町難波江 | |
| 時代：三畳紀 | サイズ：左右1.5cm |
| 母岩：泥岩 | クリーニングの難易度：C |

◎外形からリンコネラの仲間と思われる。難波江からは何種類かの腕足類が産出しているが、リンコネラの類は数が少ない。

近畿 中生代

■ トサペクテン

|分類|軟体動物斧足類||
|---|---|---|
|産地|福井県大飯郡高浜町難波江||
|時代|三畳紀|サイズ：高さ8cm|
|母岩|泥岩|クリーニングの難易度：C|

◎左殻の外形印象。

■ クラミス（両殻）

|分類|軟体動物斧足類||
|---|---|---|
|産地|福井県大飯郡高浜町難波江||
|時代|三畳紀|サイズ：高さ3cm|
|母岩|泥岩|クリーニングの難易度：C|

◎左が右殻の内形印象，右は左殻の外形印象。

■ クラミス（左殻）

|分類|軟体動物斧足類||
|---|---|---|
|産地|福井県大飯郡高浜町難波江||
|時代|三畳紀|サイズ：高さ2.4cm|
|母岩|泥岩|クリーニングの難易度：C|

◎左殻の内形印象。左殻の耳は両耳が立ってくびれをつくらない。

■ クラミス（右殻）

|分類|軟体動物斧足類||
|---|---|---|
|産地|福井県大飯郡高浜町難波江||
|時代|三畳紀|サイズ：高さ2.9cm|
|母岩|泥岩|クリーニングの難易度：C|

◎右殻の内形印象。右殻は右耳が長く，くびれ（足糸湾入という）が深い。保存は良好だが，圧力による変形がはなはだしい。

## ■イガイの仲間?

| 分類：軟体動物斧足類 | 産地：福井県大飯郡高浜町難波江 | 時代：三畳紀 |
|---|---|---|
| サイズ：A-長さ4.5cm, B-長さ4.1cm | 母岩：泥岩 | クリーニングの難易度：C |

◎保存が良くないのではっきりしないが、形からイガイの仲間と思われる。内形の印象。

## ■二枚貝（不明種）

| 分類：軟体動物斧足類 | |
|---|---|
| 産地：福井県大飯郡高浜町難波江 | |
| 時代：三畳紀 | サイズ：長さ4.6cm |
| 母岩：泥岩 | クリーニングの難易度：C |

◎内形印象。

## ■二枚貝（不明種）

| 分類：軟体動物斧足類 | |
|---|---|
| 産地：福井県大飯郡高浜町難波江 | |
| 時代：三畳紀 | サイズ：長さ4.8cm |
| 母岩：泥岩 | クリーニングの難易度：C |

◎外形。少し殻が残っており、成長肋が確認できる。

近畿　中生代

近畿 中生代

■パラトラキセラス

| 分類：軟体動物頭足類 | 産地：福井県大飯郡高浜町難波江 | 時代：三畳紀 |
|---|---|---|
| サイズ：A-径約8cm、B-半径20cm、C-径約8cm、D-径5.5cm | 母岩：泥岩 | クリーニングの難易度：A-D，B・C・D-C |

◎三畳紀後期特有のアンモナイト。Aは住房の破片である。Bは非常に大きく、完全体なら直径40cm近くはあるだろう。Cは外形印象。Dは住房部の内形印象。

京都府夜久野町にある割石谷。非常に硬い頁岩から三畳紀のアンモナイトなどが産出する。

■アンモナイト（不明種）

| 分類：軟体動物頭足類 | |
|---|---|
| 産地：京都府天田郡夜久野町割石谷 | |
| 時代：三畳紀 | サイズ：径7cm |
| 母岩：硬い頁岩 | クリーニングの難易度：B |

◎へその狭いタイプ。単純な縫合線が確認できる。（水口自然館所蔵）

■アンモナイト（不明種）

| 分類：軟体動物頭足類 | 産地：京都府天田郡夜久野町割石谷 | 時代：三畳紀 |
|---|---|---|
| サイズ：径10cm | 母岩：硬い頁岩 | クリーニングの難易度：B |

◎非常に硬い母岩で、クリーニングは困難をきわめる。産出数も少ない。ダヌビテスに似る。

近畿　中生代

近畿　中生代

ナノナビスの産状。
比較的軟らかい泥岩の
中から直接産出した。

■ナノナビス（左と下）
分類：軟体動物斧足類
産地：大阪府貝塚市蕎原
時代：白亜紀　　　サイズ：長さ7.4cm
母岩：泥岩　　　　クリーニングの難易度：C
◎中形でよくふくらみ、殻が厚い。大きいものは10cmくらいになる。表面にこびりついた泥岩を取るのが大変だ。グラマトドンともいう。

■シュードペリシテス
分類：軟体動物腹足類
産地：大阪府貝塚市蕎原
時代：白亜紀
サイズ：高さ4.8cm
母岩：泥岩
クリーニングの難易度：B
◎螺塔が低く、体層が急激にふくらむきわめて特異な形をしている。(南野標本)

■ニッポニティス
分類：軟体動物腹足類
産地：大阪府貝塚市蕎原
時代：白亜紀
サイズ：高さ7.4cm
母岩：泥岩
クリーニングの難易度：B
◎産出が少なく、珍しい巻き貝。(南野標本)

近畿　中生代

近畿 中生代

泉佐野市滝の池。非常に硬い地層で、楽には採集できない。

■タニマサノリア

| 分類：軟体動物腹足類 | 時代：白亜紀 |
|---|---|
| 産地：大阪府泉佐野市滝の池 | 母岩：硬い泥岩 |
| サイズ：高さ2cm | クリーニングの難易度：B |

◎マクラガイの仲間。（南野標本）

■ツキヒガイの仲間

| 分類：軟体動物斧足類 | 時代：白亜紀 |
|---|---|
| 産地：大阪府泉佐野市滝の池 | 母岩：硬い泥岩 |
| サイズ：高さ1.2cm | クリーニングの難易度：B |

◎小さなツキヒガイの一種。

■エリフィラ

| 分類：軟体動物斧足類 | 時代：白亜紀 |
|---|---|
| 産地：大阪府泉佐野市滝の池 | 母岩：硬い泥岩 |
| サイズ：長さ2.3cm | クリーニングの難易度：B |

◎シジミガイのような形をしている。（南野標本）

■グロブラリア

| 分類：軟体動物腹足類 | 時代：白亜紀 |
|---|---|
| 産地：大阪府泉佐野市滝の池 | 母岩：硬い泥岩 |
| サイズ：高さ2.3cm | クリーニングの難易度：B |

◎タマガイの仲間。（南野標本）

淡路島の南端に位置する地野海岸。白亜紀の地層が露出している。右に見えるのは沼島。

■魚鱗（不明種）

| 分類：脊椎動物硬骨魚類 | 時代：白亜紀 |
|---|---|
| 産地：兵庫県三原郡南淡町地野 | 母岩：泥岩 |
| サイズ：高さ1.6cm | クリーニングの難易度：D |

◎同じ形態のものがかなり報告されている。

■二枚貝（不明種）

| 分類：軟体動物斧足類 | 時代：白亜紀 |
|---|---|
| 産地：兵庫県三原郡南淡町地野 | 母岩：泥岩 |
| サイズ：長さ2.8cm | クリーニングの難易度：D |

◎保存不良でしかも内形印象のため、種は不明。

■カニの爪

| 分類：節足動物甲殻類 | 時代：白亜紀 |
|---|---|
| 産地：兵庫県三原郡南淡町地野 | 母岩：泥岩 |
| サイズ：長さ3cm | クリーニングの難易度：D |

◎カニ類あるいはスナモグリの仲間の爪と思われる。固まっていくつも産出した。

■サンドパイプ

| 分類：生痕化石 | 時代：白亜紀 |
|---|---|
| 産地：兵庫県三原郡南淡町地野 | 母岩：泥岩 |
| サイズ：高さ13cm | クリーニングの難易度：D |

◎種は不明。ゴカイの巣穴と思われる。

近畿　中生代

近畿 中生代

■ヤーディア

| 分類：軟体動物斧足類 | 産地：兵庫県三原郡緑町広田広田 | 時代：白亜紀 |
|---|---|---|
| サイズ：長さ11cm | 母岩：硬い泥岩 | クリーニングの難易度：C |

◎大型の三角貝。殻は厚く、殻表には独特の線状突起がある。ステインマネラとも呼ばれている。右は前面から見たところ。(豆田標本)

■パタジオシテス

| 分類：軟体動物頭足類 | |
|---|---|
| 産地：兵庫県三原郡緑町広田広田 | |
| 時代：白亜紀 | サイズ：径10.5cm |
| 母岩：硬い泥岩 | クリーニングの難易度：B |

◎定期的にくびれが生じる。形状はメソプゾシアに似る。(中迫標本)

■パキディスカス

| 分類：軟体動物頭足類 | |
|---|---|
| 産地：兵庫県三原郡緑町広田広田 | |
| 時代：白亜紀 | サイズ：径13cm |
| 母岩：硬い泥岩 | クリーニングの難易度：B |

◎パキディスカスの類としてはかなり薄っぺらい。(豆田標本)

■リヌパルス
分類：節足動物甲殻類
産地：兵庫県三原郡緑町広田広田
時代：白亜紀
サイズ：長さ6cm
母岩：硬い泥岩
クリーニングの難易度：B
◎ハコエビの仲間。(中迫標本)

鳴門海峡に面した西淡町阿那賀の海岸。地層からこぼれ落ちたノジュールの中から化石が産出する。

■ディディモセラス
分類：軟体動物頭足類
産地：兵庫県三原郡西淡町阿那賀海岸
時代：白亜紀
サイズ：高さ約20cm
母岩：硬い泥岩
クリーニングの難易度：B
◎プラビトセラスと並んで、淡路島を代表する異常巻きアンモナイト。阿那賀の海岸に転がっていたもの。(豆田標本)

近畿 新生代

若狭湾に面した高浜町山中の海岸。黒色の頁岩から化石が産出するが、非常に硬く、中新世とは思えないくらいである。

■キムラホタテの一種(学名：ミズホペクテン・キムライ)
| 分類：軟体動物斧足類 | |
|---|---|
| 産地：福井県大飯郡高浜町山中 | |
| 時代：第三紀中新世 | サイズ：高さ6.5cm |
| 母岩：頁岩 | クリーニングの難易度：C |

◎内形の印象。ホタテガイは普通に産出する。

■キララガイ(学名：アシラ)
| 分類：軟体動物斧足類 | |
|---|---|
| 産地：福井県大飯郡高浜町山中 | |
| 時代：第三紀中新世 | サイズ：長さ1.6cm |
| 母岩：頁岩 | クリーニングの難易度：C |

◎外形の印象化石で保存不良。

■オオハネガイ(学名：アセスタ)
| 分類：軟体動物斧足類 | |
|---|---|
| 産地：福井県大飯郡高浜町山中 | |
| 時代：第三紀中新世 | サイズ：長さ6.5cm |
| 母岩：頁岩 | クリーニングの難易度：C |

◎内形の印象化石。

■ムカシウラシマガイ
分類：軟体動物腹足類
産地：福井県大飯郡高浜町山中
時代：第三紀中新世　　サイズ：高さ3.6cm
母岩：頁岩　　　　　　クリーニングの難易度：C
◎圧力が大きく、ほとんどの化石がぺしゃんこにつぶれている。

■巻き貝（不明種）
分類：軟体動物腹足類
産地：福井県大飯郡高浜町山中
時代：第三紀中新世　　サイズ：高さ2.6cm
母岩：頁岩　　　　　　クリーニングの難易度：C
◎山中で産出する化石のほとんどは殻が溶けてなくなっている。

■イトカケガイの一種
分類：軟体動物腹足類
産地：福井県大飯郡高浜町山中
時代：第三紀中新世
サイズ：高さ3.3cm
母岩：泥岩
クリーニングの難易度：C
◎珍しく殻が残っており、しかもつぶれていない。（新保標本）

近畿 新生代

■ヤスリツノガイ

分類：軟体動物掘足類
産地：福井県大飯郡高浜町山中
時代：第三紀中新世
サイズ：長さ約9cm
母岩：頁岩
クリーニングの難易度：C

◎山中海岸ではこのツノガイの化石がもっとも多く産出する。

岩畳になった高浜町名島の海岸でも化石が多産する。

■ツノガイ

分類：軟体動物掘足類
産地：福井県大飯郡高浜町名島

| 時代：第三紀中新世 | サイズ：長さ7cm |
| --- | --- |
| 母岩：凝灰岩 | クリーニングの難易度：C |

◎岩質は緑色の凝灰岩。

近畿 新生代

■ツリテラ群集

| 分類：軟体動物腹足類 | 産地：滋賀県甲賀郡土山町鮎河 | 時代：第三紀中新世 |
|---|---|---|
| サイズ：母岩の左右32cm | 母岩：砂質ノジュール | クリーニングの難易度：B |

◎ツリテラの密集したノジュール。何百本というツリテラが密集している。

■シャコ

| 分類：節足動物甲殻類 | | |
|---|---|---|
| 産地：滋賀県甲賀郡土山町鮎河 | | |
| 時代：第三紀中新世 | サイズ：長さ7.3cm | |
| 母岩：泥岩 | クリーニングの難易度：D | |

◎シャコの完全体。触角も確認できるが、ひょっとしたら目も残っていたのかもしれない。

■クルミの堅果

| 分類：被子植物双子葉類クルミ科 | | |
|---|---|---|
| 産地：滋賀県甲賀郡土山町鮎河 | | |
| 時代：第三紀中新世 | サイズ：高さ2.2cm | |
| 母岩：泥質ノジュール | クリーニングの難易度：D | |

◎小型のクルミと思われる。ノジュールから産出したものだが、ノジュールの化石の含有率は低い。

近畿 新生代

土山町大沢地内の第二名神工事現場。ビカリアやツリテラなど、たくさんの化石が産出した。

■リンギュラ

| 分類：腕足動物無関節類 | |
|---|---|
| 産地：滋賀県甲賀郡土山町大沢 | |
| 時代：第三紀中新世 | サイズ：高さ2.6cm |
| 母岩：泥混じりの砂岩 | クリーニングの難易度：D |

◎ほぼ完全なリンギュラ。非常にたくさん産出したが、ほとんどは殻頂付近が飛んでしまっている。

■キララガイ(学名：アシラ)

| 分類：軟体動物斧足類 | |
|---|---|
| 産地：滋賀県甲賀郡土山町大沢 | |
| 時代：第三紀中新世 | サイズ：長さ2.5cm |
| 母岩：泥混じりの砂岩 | クリーニングの難易度：D |

◎キララガイは殻の溶けているものがほとんどだった。

■オキシジミ(学名：シクリナ)
分類：軟体動物斧足類
産地：滋賀県甲賀郡土山町大沢
時代：第三紀中新世
サイズ：長さ4cm
母岩：泥混じりの砂岩
クリーニングの難易度：D
◎お下がりになったもの。

近畿 新生代

■カガミガイ(学名：ドシニア)
分類：軟体動物斧足類
産地：滋賀県甲賀郡土山町大沢
時代：第三紀中新世
サイズ：長さ5.2cm
母岩：泥混じりの砂岩
クリーニングの難易度：D
◎お下がりになったもの。よごれていてもお下がりになっているものはずっしりと重いので区別がつく。

近畿 新生代

A

B

■ツキガイモドキ（学名：ルシノマ）

| 分類：軟体動物斧足類 | 産地：滋賀県甲賀郡土山町大沢 | 時代：第三紀中新世 |
|---|---|---|
| サイズ：A-長さ3cm, B-長さ2.8cm | 母岩：泥混じりの砂岩 | クリーニングの難易度：D |

◎Aはお下がりになったもの。

■フナガタガイ（学名：トラペジウム）

| 分類：軟体動物斧足類 | |
|---|---|
| 産地：滋賀県甲賀郡土山町大沢 | |
| 時代：第三紀中新世 | サイズ：長さ4.3cm |
| 母岩：泥混じりの砂岩 | クリーニングの難易度：D |

◎殻頂が大きく偏る。

■ミゾガイ（学名：シリクワ）

| 分類：軟体動物斧足類 | |
|---|---|
| 産地：滋賀県甲賀郡土山町大沢 | |
| 時代：第三紀中新世 | サイズ：長さ3.4cm |
| 母岩：泥混じりの砂岩 | クリーニングの難易度：D |

◎マテガイの仲間。殻頂の下にのびる内肋がある。

■ユキノアシタガイ(学名：カルテラス)
| 分類：軟体動物斧足類 | |
|---|---|
| 産地：滋賀県甲賀郡土山町大沢 | |
| 時代：第三紀中新世 | サイズ：長さ12cm |
| 母岩：泥混じりの砂岩 | クリーニングの難易度：D |

◎マテガイの仲間。

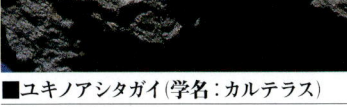

■マテガイ(学名：ソレン)
| 分類：軟体動物斧足類 | |
|---|---|
| 産地：滋賀県甲賀郡土山町大沢 | |
| 時代：第三紀中新世 | サイズ：長さ13cm |
| 母岩：泥混じりの砂岩 | クリーニングの難易度：D |

◎殻が薄く、非常に長細い。

A

B

■ニッポノマルシア
| 分類：軟体動物斧足類 | 産地：滋賀県甲賀郡土山町大沢 | 時代：第三紀中新世 |
|---|---|---|
| サイズ：A-長さ1.5cm、B-長さ1.2cm | 母岩：泥混じりの砂岩 | クリーニングの難易度：D |

◎非常に小さな二枚貝で、密集して産出することが多い。Bはお下がりになったもの。

近畿 新生代

第二名神の工事現場での調査の模様。地層の上位から下位へと順番に削っているので、地層の構成を把握するのは比較的楽だ。

ビカリアの産出状況。ビカリアの殻は溶けてなくなっているのがほとんどで、周囲の岩を取りはずすとお下がりが現れる。右の写真の左端に茶色く光っているのはリンギュラの化石。

■ビカリア
分類：軟体動物腹足類
産地：滋賀県甲賀郡土山町大沢
時代：第三紀中新世
サイズ：高さ7cm
母岩：砂泥質のノジュール
クリーニングの難易度：B
◎ノジュールの中から産出したもの。殻は残ってはいるものの分離が非常に悪く、クリーニングは困難をきわめる。

■ビカリアの蓋
分類：軟体動物腹足類
産地：滋賀県甲賀郡土山町大沢
時代：第三紀中新世
サイズ：径0.7cm
母岩：砂岩
クリーニングの難易度：D
◎ビカリアの蓋は非常に珍しい。しかも殻の内部（お下がりの中）から産出しており、まさに生き埋めになった証拠である。

■ビカリア

| 分類：軟体動物腹足類 | 産地：滋賀県甲賀郡土山町大沢 | 時代：第三紀中新世 |
|---|---|---|
| サイズ：大きいものの高さ8.5cm | 母岩：砂岩 | クリーニングの難易度：C |

◎ビカリアの産出状況は2通りに分かれていた。こちらは砂泥層の中から直接産出したもので、殻はほとんど溶けている。

■ビカリア

| 分類：軟体動物腹足類 | 産地：滋賀県甲賀郡土山町大沢 | 時代：第三紀中新世 |
|---|---|---|
| サイズ：A-高さ8cm、B-高さ7.5cm | 母岩：砂岩 | クリーニングの難易度：B |

◎ビカリアはほとんどがお下がりになっていたが、表面に付着した砂粒を取るのが大変だ。美しい方解石になっている。

近畿 新生代

■ツリテラ群集

| 分類：軟体動物腹足類 | 産地：滋賀県甲賀郡土山町大沢 | 時代：第三紀中新世 |
| --- | --- | --- |
| サイズ：A-母岩の左右約10cm、B-母岩の左右約30cm | 母岩：砂岩 | クリーニングの難易度：B |

◎ツリテラは砂岩の中に散在するものがほとんどだったが、一部密集するところがあり、お下がりの群集として産出した。

近畿 新生代

■ツリテラ・サガイ

| 分類：軟体動物腹足類 | 産地：滋賀県甲賀郡土山町大沢 | 時代：第三紀中新世 |
|---|---|---|
| サイズ：A-高さ7cm, B-高さ5.5cm | 母岩：砂岩 | クリーニングの難易度：B |

◎ビカリアのお下がりは結構見るものの、ツリテラとなると比較的珍しい。色も赤や黄色、さらには緑色をしたものもあった。

ツリテラの密集層が見つかった。大きな岩盤にくっついていたため、採集は困難をきわめた。

■タマガイ(学名:ユースピラ)
| 分類:軟体動物腹足類 | |
|---|---|
| 産地:滋賀県甲賀郡土山町大沢 | |
| 時代:第三紀中新世 | サイズ:高さ2.7cm |
| 母岩:砂岩 | クリーニングの難易度:D |

◎タマガイの産出はツリテラと比べるときわめて少ない。これもお下がりになっている。

■エゾフネガイ
| 分類:軟体動物腹足類 | |
|---|---|
| 産地:滋賀県甲賀郡土山町大沢 | |
| 時代:第三紀中新世 | サイズ:長さ5.1cm |
| 母岩:砂岩 | クリーニングの難易度:D |

◎二枚貝のような感じにも見えるが、これでも巻き貝である。他殻に着生する。

材化石に付着して産出したミネフジツボの化石。非常に大きく、たくさん産出した。

■ミネフジツボ
| 分類:節足動物蔓脚類 | |
|---|---|
| 産地:滋賀県甲賀郡土山町大沢 | |
| 時代:第三紀中新世 | サイズ:大きいものの高さ7cm |
| 母岩:砂岩 | クリーニングの難易度:D |

◎こんなものまでお下がりになっていた。

■ メジロザメ（学名：カルカリヌス）

| 分類：脊椎動物軟骨魚類 | 時代：第三紀中新世 |
|---|---|
| 産地：滋賀県甲賀郡土山町大沢 | 母岩：砂岩 |
| サイズ：高さ0.8cm | クリーニングの難易度：D |

◎数は少ないが、何点か産出している。他の種類は見られない。

■ エイの歯（A）と尾棘（B）（不明種）

| 分類：脊椎動物軟骨魚類 | 産地：滋賀県甲賀郡土山町大沢 | 時代：第三紀中新世 |
|---|---|---|
| サイズ：A-長さ3.2cm, B-長さ7cm | 母岩：砂岩 | クリーニングの難易度：D |

◎滋賀県下では初のエイの化石だ。リンギュラの密集する地層から産出した。(Bは新保標本)

■ ワニの歯

| 分類：脊椎動物爬虫類 | 産地：滋賀県甲賀郡土山町大沢 | 時代：第三紀中新世 |
|---|---|---|
| サイズ：高さ2.3cm, 径1cm | 母岩：砂岩 | クリーニングの難易度：B |

◎中新世のワニ化石はきわめて珍しい。古瀬戸内海周辺の生物相を調べるうえで貴重な化石だ。(飯村標本)

■トガサワラの毬果(学名:シュードツガ)

| | |
|---|---|
| 分類 | 裸子植物毬果類マツ科 |
| 産地 | 滋賀県甲賀郡土山町大沢 |
| 時代 | 第三紀中新世 |
| サイズ | 高さ7cm |
| 母岩 | 砂質ノジュール |
| クリーニングの難易度 | D |

◎大沢の産地では毬果の産出がきわめて多い。しかもノジュールから産出することが多く、保存の良い標本がたくさん得られた。

■トガサワラの毬果(学名:シュードツガ)

| | |
|---|---|
| 分類 | 裸子植物毬果類マツ科 |
| 産地 | 滋賀県甲賀郡土山町大沢 |
| 時代 | 第三紀中新世 |
| サイズ | 高さ5.8cm |
| 母岩 | 砂質ノジュール |
| クリーニングの難易度 | D |

◎大きなノジュールの中からこれだけが産出した。外形もわかるほど良い標本だ。

近畿 新生代

近畿 新生代

■マツ属の毬果
(学名：ピヌス)
分類：裸子植物毬果類マツ科
産地：滋賀県甲賀郡土山町大沢
時代：第三紀中新世
サイズ：高さ5.5cm
母岩：砂質ノジュール
クリーニングの難易度：D
◎いわゆる松ぼっくりだ。

■ユサン属の毬果
(学名：ピセア)
分類：裸子植物毬果類マツ科
産地：滋賀県甲賀郡土山町大沢
時代：第三紀中新世
サイズ：高さ8.5cm
母岩：砂質泥岩
クリーニングの難易度：D
◎この標本は砂泥層から直接産出したもので、裏側にはツリテラも入っている。アブラスギともいう。

■メタセコイアの毬果
分類：裸子植物毬果類スギ科
産地：滋賀県甲賀郡土山町大沢
時代：第三紀中新世
サイズ：高さ2cm
母岩：砂岩
クリーニングの難易度：D
◎毬果の縦断面。メタセコイアはスギ科の落葉高木で高さ35mにもなる。生きている化石として有名。

近畿　新生代

■メタセコイアの毬果
| 分類：裸子植物毬果類スギ科 | |
|---|---|
| 産地：滋賀県甲賀郡土山町大沢 | |
| 時代：第三紀中新世 | サイズ：径1.4cm |
| 母岩：砂岩 | クリーニングの難易度：D |

◎毬果の横断面。

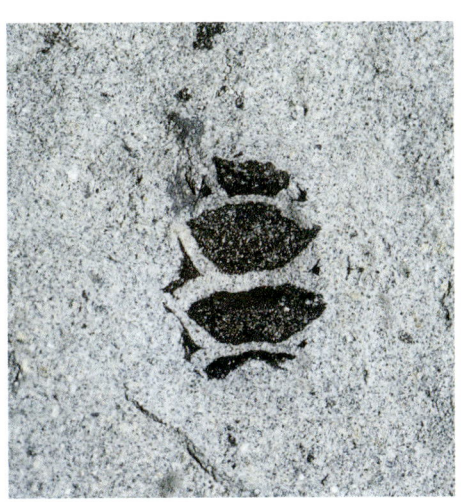

■メタセコイアの毬果
| 分類：裸子植物毬果類スギ科 | |
|---|---|
| 産地：滋賀県甲賀郡土山町大沢 | |
| 時代：第三紀中新世 | サイズ：高さ1.5cm |
| 母岩：砂岩 | クリーニングの難易度：D |

◎鱗片の外形印象。

採集とクリーニングのポイント 4
## ノジュールの割り直し

「ノジュールは割るべし」というのは鉄則だが、中が見えないので運が悪いと間違った方向で割ってしまうことがある。そういうときの対処方法だ。

①泥まじりの砂岩層から多く見つかったノジュール。この中から毬果の化石が多産した。

②ノジュールを割ってみたが、変な方向に割れてしまった。割り直すためあらためて接着し、割り直す方向を決める。

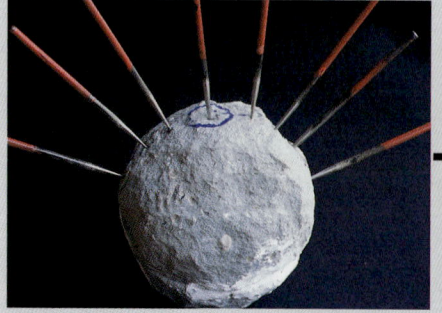

③確実に希望通りの方向に割るため、周囲にタガネをいくつもさして割る。

④なんとか縦に割れ、毬果らしくなった。松ぼっくりと思われる。

近畿 新生代

■クモヒトデ(上と左下)

| 分類：棘皮動物クモヒトデ類 | 産地：三重県安芸郡美里村家所 | 時代：第三紀中新世 |
|---|---|---|
| サイズ：母岩の左右30cm | 母岩：砂岩 | クリーニングの難易度：C |

◎泥岩の中からウミユリとともに産出した。左下は全体の写真。(二宮標本)

■魚類の脊椎(不明種)

| 分類：脊椎動物硬骨魚類 | |
|---|---|
| 産地：三重県安芸郡美里村柳谷 | |
| 時代：第三紀中新世 | サイズ：径2.4cm |
| 母岩：砂岩 | クリーニングの難易度：C |

◎比較的大きな魚類の脊椎骨。

近畿　新生代

■カルカロドン・メガロドン

|分類|脊椎動物軟骨魚類||
|---|---|---|
|産地|三重県安芸郡美里村柳谷||
|時代|第三紀中新世|サイズ：高さ7.2cm|
|母岩|砂岩|クリーニングの難易度：C|

◎バラバラになって産出したカルカロドン。散逸した部品を拾い集めて接着し、足らない部分は石膏で補った。

カルカロドンが見つかったところ。運良く欠けずにすんだ。

■カルカロドン・メガロドン

分類：脊椎動物軟骨魚類
産地：三重県安芸郡美里村柳谷
時代：第三紀中新世
サイズ：高さ8cm
母岩：砂岩
クリーニングの難易度：C

◎完璧なカルカロドンで、柳谷では最大級の大きさだ。(大平標本)

■ノコギリザメの吻棘？
分類：脊椎動物軟骨魚類
産地：三重県安芸郡美里村柳谷
時代：第三紀中新世　サイズ：長さ2.5cm
母岩：砂岩　クリーニングの難易度：C
◎断定はできないが、外形からノコギリザメの吻の左右にある"吻棘"ではないかと思われる。

■手足の骨（不明種）
分類：脊椎動物哺乳類
産地：三重県安芸郡美里村柳谷
時代：第三紀中新世　サイズ：長さ5.5cm
母岩：砂岩　クリーニングの難易度：C
◎柳谷からは獣骨が多産する。

■鯨類の脊椎（不明種）
分類：脊椎動物哺乳類
産地：三重県安芸郡美里村柳谷
時代：第三紀中新世
サイズ：径5.7cm, 厚さ10.5cm
母岩：砂岩
クリーニングの難易度：B
◎脊椎の関節面。

近畿 新生代

■鯨類の脊椎（不明種）

| 分類：脊椎動物哺乳類 | 産地：三重県安芸郡美里村柳谷 | 時代：第三紀中新世 |
|---|---|---|
| サイズ：高さ9cm，厚さ4.5cm | 母岩：砂岩 | クリーニングの難易度：B |

◎非常に保存の良い脊椎の標本。硬い砂岩に入っていたが，バイブレーターとタガネを使ってクリーニング。同じ標本を四方向から見たもの。

■鰭脚類の大腿骨（不明種）
分類：脊椎動物哺乳類
産地：三重県安芸郡美里村柳谷
時代：第三紀中新世
サイズ：長さ13.5cm
母岩：砂岩
クリーニングの難易度：B
◎アザラシの仲間のアロデスムスの大腿骨に非常によく似る。バラバラになって産出し、復元するのが大変だった。

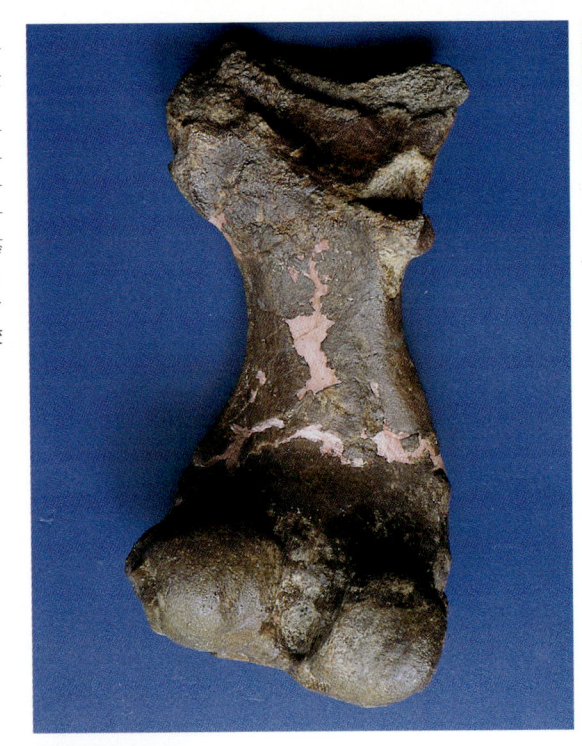

近畿 新生代

近畿 新生代

白浜町藤島海岸に露出する砂岩層の一部に貝化石が密集する。分離はあまり良くないが、大きなツリテラが密集して産出する。

B

■ツリテラ

| 分類：軟体動物腹足類 | 産地：和歌山県西牟婁郡白浜町藤島 | 時代：第三紀中新世 |
|---|---|---|
| サイズ：A-高さ8.9cm、B-大きいものの高さ9cm | 母岩：砂岩 | クリーニングの難易度：B |

◎他の産地のものと比べると太くて長い。密集してたくさん産出するが、褐鉄鉱が付着してクリーニングは困難。

近畿 新生代

尾鷲市行野浦の海岸には黒色の泥岩が露出している。化石は少ない。

■リュウグウハゴロモガイ(学名：ペリプローマ)
分類：軟体動物斧足類
産地：三重県尾鷲市行野浦
| 時代：第三紀中新世 | サイズ：左右8.5cm |
| 母岩：泥岩 | クリーニングの難易度：C |

◎やや深い海に生息する二枚貝。(大平標本)

■ツリテラ
分類：軟体動物腹足類
産地：三重県尾鷲市行野浦
| 時代：第三紀中新世 | サイズ：高さ6.5cm |
| 母岩：泥岩 | クリーニングの難易度：C |

◎大きな岩の中からこれだけが産出した。

近畿 新生代

宇治田原町奥山田の産地。壁面にはニッポノマルシアが一面に入っている。化石の種類は少ない。

■カミオニシキガイ(学名：クラミス)

| 分類：軟体動物斧足類 | 時代：第三紀中新世 |
|---|---|
| 産地：京都府綴喜郡宇治田原町奥山田 | 母岩：砂質泥岩 |
| サイズ：高さ2.5cm | クリーニングの難易度：C |

◎小型のニシキガイの一種。

■ゲンロクソデガイ

| 分類：軟体動物斧足類 | 時代：第三紀中新世 |
|---|---|
| 産地：京都府綴喜郡宇治田原町奥山田 | 母岩：砂質泥岩 |
| サイズ：長さ1.1cm | クリーニングの難易度：C |

◎小型のソデガイの一種。殻が飛びやすく、いい標本は得にくい。

■ユキノアシタガイ(学名：カルテラス)

| 分類：軟体動物斧足類 | 時代：第三紀中新世 |
|---|---|
| 産地：京都府綴喜郡宇治田原町奥山田 | 母岩：砂質泥岩 |
| サイズ：長さ7.8cm | クリーニングの難易度：C |

◎マテガイの仲間。

■カガミガイ(学名：ドシニア)

| 分類：軟体動物斧足類 | 時代：第三紀中新世 |
|---|---|
| 産地：京都府綴喜郡宇治田原町奥山田 | 母岩：砂質泥岩 |
| サイズ：長さ5.3cm | クリーニングの難易度：C |

◎殻表に成長肋が並ぶ。

■メジロザメ(学名：カルカリヌス)

分類：脊椎動物軟骨魚類
産地：京都府綴喜郡宇治田原町奥山田

| 時代：第三紀中新世 | サイズ：高さ1cm |
|---|---|
| 母岩：砂質泥岩 | クリーニングの難易度：C |

◎小型の普通種。(飯村標本)

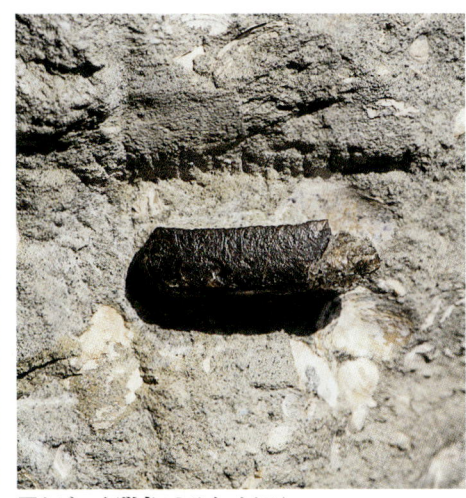

■トビエイ(学名：ミリオバチス)

分類：脊椎動物軟骨魚類
産地：京都府綴喜郡宇治田原町奥山田

| 時代：第三紀中新世 | サイズ：左右1.9cm |
|---|---|
| 母岩：砂質泥岩 | クリーニングの難易度：C |

◎手前のつるっとした面が咬合面。(飯村標本)

A

B

■カニ類(不明種)

| 分類：節足動物甲殻類 | 産地：京都府綴喜郡宇治田原町奥山田 | 時代：第三紀中新世 |
|---|---|---|
| サイズ：A-左右4.5cm、B-左右1.7cm | 母岩：砂質泥岩 | クリーニングの難易度：C |

◎エンコウガニと思われる。

近畿 新生代

甲西町を流れる野洲川の河床。ドブガイやイシガイ、カタバリタニシなどの淡水貝の化石が多産する。

■コビワコカタバリタニシ

分類：軟体動物腹足類タニシ科
産地：滋賀県甲賀郡甲西町野洲川河床

| 時代：第三紀鮮新世 | サイズ：高さ2.8cm |
|---|---|
| 母岩：粘土 | クリーニングの難易度：C |

◎殻は概して小さく、螺層が階段状になって角張る。

■クルミの堅果

分類：被子植物双子葉類クルミ科
産地：滋賀県甲賀郡水口町野洲川河床
時代：第三紀鮮新世
サイズ：高さ4.5cm
母岩：粘土
クリーニングの難易度：D
◎非常に軟らかく、乾燥すると収縮するのでアルコールで封入して保存してある。
（新保標本）

大山田村服部川の河床。くぼんで見えるのはすべて象の足跡である。指をさしているところから下顎骨が産出した。

下顎骨が見つかったところ。(故二宮敏雄氏撮影)

近畿 新生代

近畿 新生代

■イノシシの下顎骨？

| 分類：脊椎動物哺乳類 | 産地：三重県阿山郡大山田村服部川 | 時代：第三紀鮮新世 |
| --- | --- | --- |
| サイズ：長さ約20cm | 母岩：粘土 | クリーニングの難易度：C |

◎歯の周りに褐鉄鉱がびっしりと付着し、これを取りのぞくのが大変だった。イノシシの下顎骨らしい。(二宮標本)

188

■ササノハガイ
分類：軟体動物斧足類イシガイ科
産地：滋賀県大津市雄琴
時代：第四紀更新世
サイズ：長さ7.4cm
母岩：粘土
クリーニングの難易度：D
◎非常に細長いイシガイ類。

■カラスガイ
分類：軟体動物斧足類イシガイ科
産地：滋賀県大津市雄琴
時代：第四紀更新世
サイズ：長さ18.5cm
母岩：粘土
クリーニングの難易度：D
◎淡水貝類中最大の大きさになる。

■イケチョウガイ
分類：軟体動物斧足類イシガイ科
産地：滋賀県大津市雄琴
時代：第四紀更新世
サイズ：長さ22.5cm
母岩：粘土
クリーニングの難易度：D
◎カラスガイと並んで大型になる。琵琶湖特産で、現在では真珠の養殖に使われる。(飯村標本)

■イシガイ科の一種
分類：軟体動物斧足類イシガイ科
産地：滋賀県大津市雄琴
時代：第四紀更新世
サイズ：長さ4cm
母岩：粘土
クリーニングの難易度：D
◎小型のイシガイ類。後端が溶けやすく不完全なものがほとんどである。

近畿 新生代

189

近畿 新生代

■セタシジミ
分類：軟体動物斧足類シジミガイ科
産地：滋賀県大津市雄琴
時代：第四紀更新世　　　サイズ：高さ3cm
母岩：粘土　　　　　　クリーニングの難易度：D
◎琵琶湖の水系の特産種。シジミガイの化石の産出は少ない。(飯村標本)

■オオタニシ
分類：軟体動物腹足類タニシ科
産地：滋賀県大津市雄琴
時代：第四紀更新世　　　サイズ：高さ7cm
母岩：粘土　　　　　　クリーニングの難易度：D
◎タニシ科のなかでは最大の大きさになる。

■ナガタニシ
分類：軟体動物腹足類タニシ科
産地：滋賀県大津市雄琴
時代：第四紀更新世　　　サイズ：高さ3.5cm
母岩：粘土　　　　　　クリーニングの難易度：D
◎つぶれているので断定はできないが、やや縦長なのでナガタニシと思われる。

■スッポン
分類：脊椎動物爬虫類
産地：滋賀県大津市雄琴
時代：第四紀更新世　　　サイズ：高さ12cm
母岩：粘土　　　　　　クリーニングの難易度：D
◎スッポンの腹甲と思われる。(飯村標本)

近畿 新生代

■クロダイ（A, B）

| 分類：脊椎動物硬骨魚類 | 産地：京都府京都市伏見区深草中ノ郷山町 | 時代：第四紀更新世 |
|---|---|---|
| サイズ：A-左右35cm, B-左右4cm | 母岩：粘土 | クリーニングの難易度：B |

◎粘土層から産出したクロダイの化石。Bは歯のついた下顎骨。(飯村標本)

■トビエイ（学名：ミリオバチス）

| 分類：脊椎動物軟骨魚類 | |
|---|---|
| 産地：京都府京都市伏見区深草中ノ郷山町 | |
| 時代：第四紀更新世 | サイズ：左右3.9cm |
| 母岩：粘土 | クリーニングの難易度：D |

◎大きく湾曲したトビエイの歯。つるっとした面が咬合面。(飯村標本)

# 中国・四国

| 産地 | 地質時代 |
|---|---|
| **古生代** | |
| ⑨ 高知県高岡郡越知町横倉山 | シルル紀 |
| **中生代** | |
| 23 香川県さぬき市多和兼割 | 白亜紀 |
| **新生代** | |
| 50 島根県八束郡玉湯町布志名 | 第三紀中新世 |
| 51 岡山県勝田郡奈義町柿 | 第三紀中新世 |
| 52 高知県安芸郡安田町唐浜 | 第三紀鮮新世 |

■ハリシテス・シスミルフィー
分類：腔腸動物床板サンゴ類
産地：高知県高岡郡越知町横倉山
時代：シルル紀
サイズ：群体の大きさ横4×縦4.5cm
母岩：凝灰岩
クリーニングの難易度：C
◎研磨面。大きな鎖が特徴。

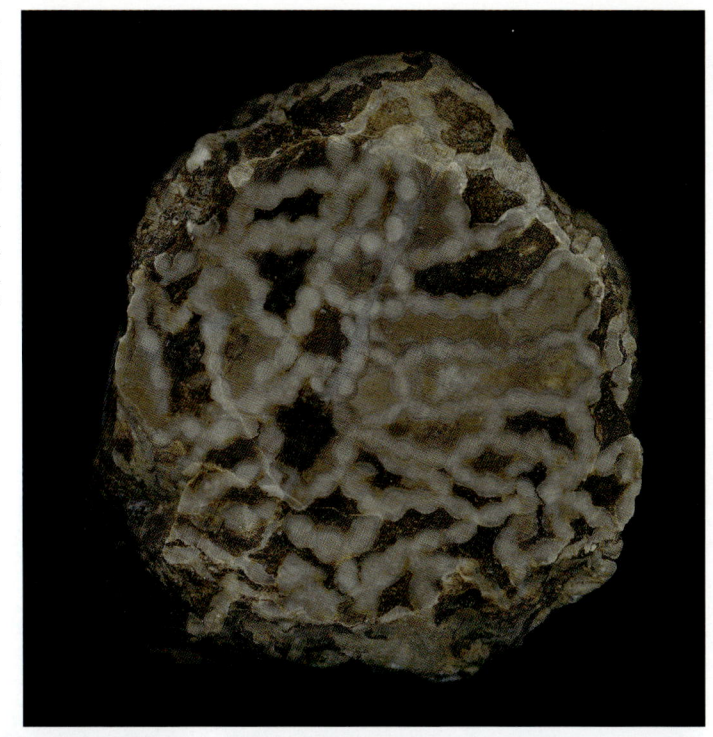

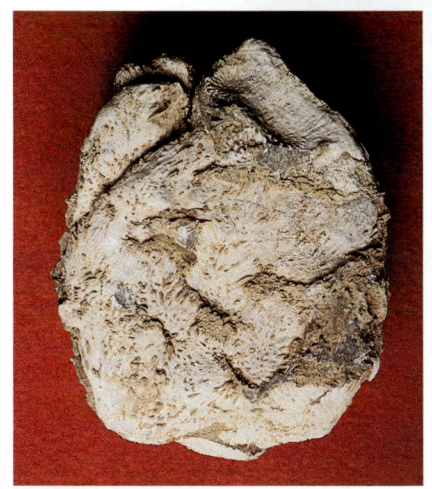

中国・四国 古生代

■ファルシカテニポーラ
分類：腔腸動物床板サンゴ類
産地：高知県高岡郡越知町横倉山

| 時代：シルル紀 | サイズ：群体の大きさ横9×縦11cm |
|---|---|
| 母岩：凝灰岩 | クリーニングの難易度：C |

◎群体の風化面。クサリサンゴのなかではこの種類がもっとも産出が多い。

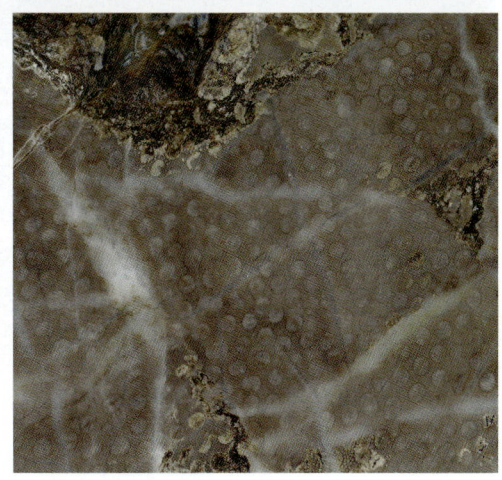

■ヘリオリテス
分類：腔腸動物床板サンゴ類
産地：高知県高岡郡越知町横倉山

| 時代：シルル紀 | サイズ：画面の大きさ横5.5×縦5cm |
|---|---|
| 母岩：凝灰岩 | クリーニングの難易度：C |

◎横倉山で産出するヘリオリテスの群体は概して小さいが、この標本は例外で、全体でソフトボール大もある。

中国・四国 古生代

■ファボシテス
分類：腔腸動物床板サンゴ類
産地：高知県高岡郡越知町横倉山
時代：シルル紀
サイズ：群体の大きさ横12×縦9×高さ5.5cm
母岩：凝灰岩
クリーニングの難易度：C

◎ファボシテスの1つの群体。全体の様子がわかる。A-上面、B-側面、C-下面（根部）

A

B

C

さぬき市多和兼割の採石場跡だ。かつてはたくさんの化石が産出したらしいが，今では採集も困難になっている。石は非常に硬い。

地層の上に現れたノジュール。母岩とノジュールは硬さが同じくらいなので，ノジュールは飛び出すことはない。

## ■バキュリテス

| 分類：軟体動物頭足類 | 産地：香川県さぬき市多和兼割 | 時代：白亜紀 |
|---|---|---|
| サイズ：長さ16cm，長径3.4cm | 母岩：泥岩 | クリーニングの難易度：B |

◎数少ないノジュールの中から見つかった異常巻きアンモナイト。バキュリテスが多いが，この標本はこの種としてはとてつもなく大きい。右は殻口の拡大写真。(大平標本)

中国・四国　中生代

中国・四国 新生代

■カガミホタテ（学名：コトラペクテン・カガミアヌス）

| 分類：軟体動物斧足類 | |
|---|---|
| 産地：島根県八束郡玉湯町布志名 | |
| 時代：第三紀中新世 | サイズ：高さ8.5cm |
| 母岩：泥岩 | クリーニングの難易度：C |

◎中新世を代表するホタテガイの一種。

■エゾヒバリガイ（学名：モディオルス）

| 分類：軟体動物斧足類 | |
|---|---|
| 産地：島根県八束郡玉湯町布志名 | |
| 時代：第三紀中新世 | サイズ：長さ7cm |
| 母岩：泥岩 | クリーニングの難易度：C |

◎殻が一皮むけると光沢のある殻が現れる。

■巻き貝（不明種）➡

| 分類：軟体動物腹足類 | |
|---|---|
| 産地：島根県八束郡玉湯町布志名 | |
| 時代：第三紀中新世 | サイズ：高さ4.5cm |
| 母岩：泥岩 | クリーニングの難易度：C |

◎保存は良くないが、エゾバイ科かイトマキボラ科の巻き貝と思われる。

玉湯町の布志名層の化石の産出状況。ここの地層では化石は少なかったが、一部分密集する場所が見つかった。

■ビカリア
分類：軟体動物腹足類
産地：岡山県勝田郡奈義町柿
時代：第三紀中新世
サイズ：高さ6cm
母岩：泥岩
クリーニングの難易度：B
◎奈義町では珍しいお下がりになったもの。生き埋めになった化石はお下がりになりやすい。

■カニ類の爪（不明種）
分類：節足動物甲殻類
産地：岡山県勝田郡奈義町柿
時代：第三紀中新世
サイズ：下の爪の長さ2.5cm
母岩：泥岩
クリーニングの難易度：C
◎奈義町ではかつてカニの化石が豊富に産出したことがある。爪の化石はときおり産出する。

中国・四国　新生代

■ センスガイ

| 分類:腔腸動物六射サンゴ類 | 時代:第三紀鮮新世 |
|---|---|
| 産地:高知県安芸郡安田町唐浜 | 母岩:砂泥 |
| サイズ:高さ2.1cm | クリーニングの難易度:E |

◎根部がとがらないタイプ。大きさもこの程度以下だ。

■ センスガイ

| 分類:腔腸動物六射サンゴ類 | 時代:第三紀鮮新世 |
|---|---|
| 産地:高知県安芸郡安田町唐浜 | 母岩:砂泥 |
| サイズ:高さ3.3cm | クリーニングの難易度:E |

◎根部がとがり,扇子状をしたタイプ。

■ スチョウジガイ

| 分類:腔腸動物六射サンゴ類 | 時代:第三紀鮮新世 |
|---|---|
| 産地:高知県安芸郡安田町唐浜 | 母岩:砂泥 |
| サイズ:大きいものの長さ1.7cm | クリーニングの難易度:E |

◎巻き貝に寄生するタイプ。

■ スチョウジガイ

| 分類:腔腸動物六射サンゴ類 | 時代:第三紀鮮新世 |
|---|---|
| 産地:高知県安芸郡安田町唐浜 | 母岩:砂泥 |
| サイズ:大きいものの長さ1.9cm | クリーニングの難易度:E |

◎ツノガイに寄生するタイプ。

■ タマサンゴ

| 分類:腔腸動物六射サンゴ類 | 時代:第三紀鮮新世 |
|---|---|
| 産地:高知県安芸郡安田町唐浜 | 母岩:砂泥 |
| サイズ:左の径0.9cm | クリーニングの難易度:E |

◎球状をした小さな単体サンゴ。

中国・四国 新生代

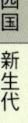

A

B

■モミジツキヒ（学名：アムシオペクテン）

| 分類：軟体動物斧足類イタヤガイ科 | 産地：高知県安芸郡安田町唐浜 | 時代：第三紀鮮新世 |
|---|---|---|
| サイズ：A-高さ7.4cm，B-高さ9cm | 母岩：砂泥 | クリーニングの難易度：E |

◎唐浜では両殻そろったものがたくさん産出する。Aは左殻、Bは右殻。殻の内面には多数の内肋がある。

■ヒヨクガイ（学名：クリプトペクテン）

| 分類：軟体動物斧足類イタヤガイ科 | |
|---|---|
| 産地：高知県安芸郡安田町唐浜 | |
| 時代：第三紀鮮新世 | サイズ：高さ1.4cm |
| 母岩：砂泥 | クリーニングの難易度：E |

◎小型のイタヤガイ類。肋が深い。

■ナミガイ

| 分類：軟体動物斧足類キヌマトイガイ科 | |
|---|---|
| 産地：高知県安芸郡安田町唐浜 | |
| 時代：第三紀鮮新世 | サイズ：長さ10cm |
| 母岩：砂泥 | クリーニングの難易度：C |

◎殻は薄くて大きく、前後で開く。寿司屋ではミル貝と呼ばれている。ミルクイは本ミルと呼ばれる。

中国・四国 新生代

■ツツガキ(学名:ニッポノクラバ)
分類:軟体動物斧足類ハマユウ科
産地:高知県安芸郡安田町唐浜
時代:第三紀鮮新世
サイズ:A-高さ15cm,
　　　　B-根部の径約5cm
母岩:砂泥
クリーニングの難易度:B

◎ツツガキの全体像。これでも二枚貝の仲間で、殻の下方にはそのなごりがある。殻のほとんどは泥の中に没して生活している。

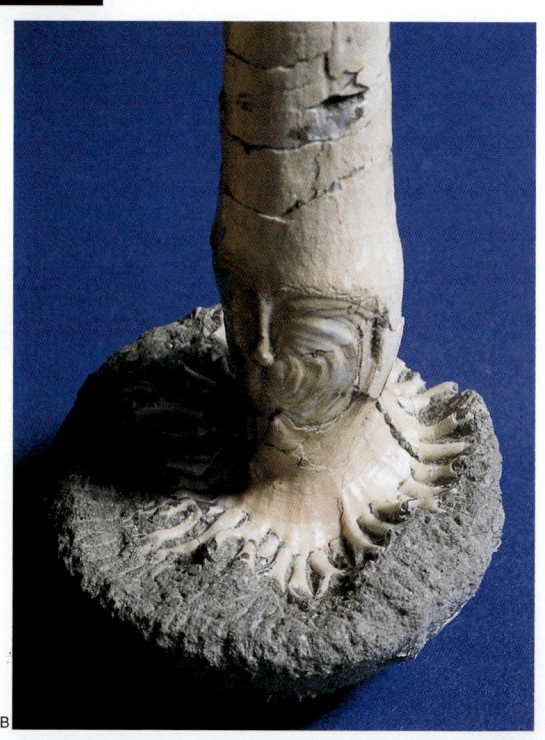

A

B

採集とクリーニングのポイント 5
## ツツガキの採集とクリーニング

できるだけ保存の良いツツガキの標本を得る方法。
すべては採集とクリーニングの技術力にかかっている。

①第一の条件として、化石はノジュール化して硬くなったものでないとだめなので、雨上がりに地表から飛び出しているものを探そう。

②完全体ならば約20cmほどの長さがあるが、化石では通常長くても15cm程度だ。それでもできるだけ深く掘ろう。

③上のものとは違う標本だが、たいていこのようにノジュールで包まれた状態で産出する。

④意外と分離しやすいので、タガネを使っていねいにノジュールを削っていく。

⑤だいたい全体像が出たところだ。あとは根部をていねいに掘り進んでいく。

⑥完成した標本。ここまで保存の良いツツガキの標本は非常に珍しい。

中国・四国 新生代

中国・四国 新生代

■ビノスガイモドキ
| 分類：軟体動物斧足類マルスダレガイ科 | 時代：第三紀鮮新世 |
| 産地：高知県安芸郡安田町唐浜 | 母岩：砂泥 |
| サイズ：長さ5cm | クリーニングの難易度：C |

◎殻表には板状の輪肋が並ぶ。

■カガミガイ(学名：ドシニア)
| 分類：軟体動物斧足類マルスダレガイ科 | 時代：第三紀鮮新世 |
| 産地：高知県安芸郡安田町唐浜 | 母岩：砂泥 |
| サイズ：長さ3.5cm | クリーニングの難易度：C |

◎殻表には細い輪肋が多数ある。

■カミフスマガイ
| 分類：軟体動物斧足類マルスダレガイ科 | 時代：第三紀鮮新世 |
| 産地：高知県安芸郡安田町唐浜 | 母岩：砂泥 |
| サイズ：長さ5.5cm | クリーニングの難易度：C |

◎殻表には太くて不規則な輪肋がたくさんある。殻は薄いが、両殻のものが多産する。

■オオハナガイ
| 分類：軟体動物斧足類マルスダレガイ科 | 時代：第三紀鮮新世 |
| 産地：高知県安芸郡安田町唐浜 | 母岩：砂泥 |
| サイズ：長さ2.4cm | クリーニングの難易度：C |

◎殻は小さく、殻表には板状をした輪肋がある。

■マツヤマワスレ
| 分類：軟体動物斧足類マルスダレガイ科 | 時代：第三紀鮮新世 |
| 産地：高知県安芸郡安田町唐浜 | 母岩：砂泥 |
| サイズ：長さ5.8cm | クリーニングの難易度：C |

◎殻は前後に長いハマグリ型で、殻表はほとんど平滑でつやがある。

■サツマアカガイ
| 分類：軟体動物斧足類マルスダレガイ科 | 時代：第三紀鮮新世 |
| 産地：高知県安芸郡安田町唐浜 | 母岩：砂泥 |
| サイズ：長さ7.5cm | クリーニングの難易度：C |

◎スダレガイに大変似るが、殻表の輪肋がいくぶん細い。

中国・四国 新生代

■スズキサルボウ(学名：アナダラ・スズキイ)

| 分類：軟体動物斧足類フネガイ科 | 時代：第三紀鮮新世 |
|---|---|
| 産地：高知県安芸郡安田町唐浜 | 母岩：砂泥 |
| サイズ：長さA・B-7.5cm、C-5.2cm | クリーニングの難易度：C |

◎比較的細長く、大きなものは7、8cm程度になる。保存も分離もすこぶる良い。多産種。Aは側面、Bは内面、Cは靭帯面を見たところ。

■フネガイ科の一種

| 分類：軟体動物斧足類フネガイ科 | 時代：第三紀鮮新世 |
|---|---|
| 産地：高知県安芸郡安田町唐浜 | 母岩：砂泥 |
| サイズ：長さ2.1cm | クリーニングの難易度：C |

◎小型のフネガイの一種。

■ヌノメアカガイ⬆

| 分類：軟体動物斧足類フネガイ科 | 時代：第三紀鮮新世 |
|---|---|
| 産地：高知県安芸郡安田町唐浜 | 母岩：砂泥 |
| サイズ：長さ5cm | クリーニングの難易度：C |

◎殻は大きくよくふくらみ、形はアカガイ型をする。殻表には布目状の模様がある。

■スナゴスエモノガイ➡

| 分類：軟体動物斧足類スエモノガイ科 | 時代：第三紀鮮新世 |
|---|---|
| 産地：高知県安芸郡安田町唐浜 | 母岩：砂泥 |
| サイズ：長さ6.5cm | クリーニングの難易度：D |

◎殻表にはザラザラとした顆粒があり、殻の後端は開いている。

中国・四国 新生代

■トリガイ

| 分類：軟体動物斧足類ザルガイ科 | |
|---|---|
| 産地：高知県安芸郡安田町唐浜 | |
| 時代：第三紀鮮新世 | サイズ：長さ3cm |
| 母岩：砂泥 | クリーニングの難易度：C |

◎殻は薄くよくふくれ，殻表には弱い放射肋が多数ある。

■ザルガイ

| 分類：軟体動物斧足類ザルガイ科 | |
|---|---|
| 産地：高知県安芸郡安田町唐浜 | |
| 時代：第三紀鮮新世 | サイズ：高さ5.5cm |
| 母岩：砂泥 | クリーニングの難易度：C |

◎殻は縦長で不等辺三角形をする。殻表は強い放射肋で刻まれる。

■タマキガイ科の一種

| 分類：軟体動物斧足類タマキガイ科 | |
|---|---|
| 産地：高知県安芸郡安田町唐浜 | |
| 時代：第三紀鮮新世 | サイズ：長さ4.4cm |
| 母岩：砂泥 | クリーニングの難易度：D |

◎小型のタマキガイの一種。

■トサツマベニガイ

| 分類：軟体動物斧足類シコロクチベニガイ科 | |
|---|---|
| 産地：高知県安芸郡安田町唐浜 | |
| 時代：第三紀鮮新世 | サイズ：長さ1.6cm |
| 母岩：砂泥 | クリーニングの難易度：C |

◎左右不等殻で，右殻が大きく左殻を抱いている。殻表には荒い成長肋がある。

中国・四国 新生代

■オオキララガイ(学名:アシラ)
| 分類 | 軟体動物斧足類クルミガイ科 ||
| 産地 | 高知県安芸郡安田町唐浜 ||
| 時代 | 第三紀鮮新世 | サイズ:長さ2.4cm |
| 母岩 | 砂泥 | クリーニングの難易度:C |

◎殻は厚いが壊れやすい。殻表には分岐状の放射肋がある。後方でくびれる。多産種。

■ダイニチフミガイ(学名:ベネルカルディア・パンダ)
| 分類 | 軟体動物斧足類トマヤガイ科 ||
| 産地 | 高知県安芸郡安田町唐浜 ||
| 時代 | 第三紀鮮新世 | サイズ:長さ5.1cm |
| 母岩 | 砂泥 | クリーニングの難易度:C |

◎地層中に一部分が見えているときはスズキサルボウと混同することがあるが、全体像を見ると判断できる。殻は重厚でよくふくれ、約16本の強い放射肋がある。

■タイラギガイ
| 分類 | 軟体動物斧足類ハボウキガイ科 ||
| 産地 | 高知県安芸郡安田町唐浜 ||
| 時代 | 第三紀鮮新世 | サイズ:長さ15cm |
| 母岩 | 砂泥 | クリーニングの難易度:B |

◎殻は大型で長い三角形をする。殻が薄くはがれやすく、完全な形で採集するのは非常に困難。(大平標本)

これは福井県高浜町でとれた現生のタイラギガイ。殻表は鱗片突起でおおわれている。殻の長さ22cm。

中国・四国 新生代

### ■ツメタガイ
| | |
|---|---|
| 分類：軟体動物腹足類タマガイ科 | |
| 産地：高知県安芸郡安田町唐浜 | |
| 時代：第三紀鮮新世 | サイズ：径4cm |
| 母岩：砂泥 | クリーニングの難易度：C |

◎殻は大きくて丸く、臍孔は大きく開く。多産種。

### ■オオタマツバキ
| | |
|---|---|
| 分類：軟体動物腹足類タマガイ科 | |
| 産地：高知県安芸郡安田町唐浜 | |
| 時代：第三紀鮮新世 | サイズ：高さ4cm |
| 母岩：砂泥 | クリーニングの難易度：D |

◎ツメタガイに似るが、螺塔が高い。多産種。

### ■リスガイ
| | |
|---|---|
| 分類：軟体動物腹足類タマガイ科 | |
| 産地：高知県安芸郡安田町唐浜 | |
| 時代：第三紀鮮新世 | サイズ：高さ3.7cm |
| 母岩：砂泥 | クリーニングの難易度：C |

◎オオタマツバキよりも小さく、螺塔はさらに高く縦長になる。臍孔は狭い。ツメタガイの仲間は種類が多く、よく似ているので同定は難しい。

### ■フクロガイ
| | |
|---|---|
| 分類：軟体動物腹足類タマガイ科 | |
| 産地：高知県安芸郡安田町唐浜 | |
| 時代：第三紀鮮新世 | サイズ：径4.5cm |
| 母岩：砂泥 | クリーニングの難易度：C |

◎殻は薄く急激に大きくなる。殻表には荒い螺状溝が刻まれる。

## ■ミクリガイ

| 分類：軟体動物腹足類エゾバイ科 | 時代：第三紀鮮新世 |
|---|---|
| 産地：高知県安芸郡安田町唐浜 | 母岩：砂泥 |
| サイズ：高さ4.7cm | クリーニングの難易度：D |

◎非常に形状の変異が多い。多産種。

## ■シマミクリガイ

| 分類：軟体動物腹足類エゾバイ科 | 時代：第三紀鮮新世 |
|---|---|
| 産地：高知県安芸郡安田町唐浜 | 母岩：砂泥 |
| サイズ：高さ3.7cm | クリーニングの難易度：D |

◎形状はミクリガイとほとんど同じだが、殻表はなめらかで、化石でも黄色い横縞が残る。多産種。

## ■ダイニチバイ（学名：バビロニア・エラータ）

| 分類：軟体動物腹足類エゾバイ科 | 時代：第三紀鮮新世 |
|---|---|
| 産地：高知県安芸郡安田町唐浜 | 母岩：砂泥 |
| サイズ：高さ5.7cm | クリーニングの難易度：C |

◎殻は厚質で紡錘形。螺層は約8つあり、やや肩が張り出す。殻表は平滑である。

## ■ナサバイ

| 分類：軟体動物腹足類エゾバイ科 | 時代：第三紀鮮新世 |
|---|---|
| 産地：高知県安芸郡安田町唐浜 | 母岩：砂泥 |
| サイズ：高さ2.9cm | クリーニングの難易度：D |

◎小型の殻を持ち、結節があってやや角張る。水管溝は多少ねじれる。多産種。

## ■ヒメトクサバイ？

| 分類：軟体動物腹足類エゾバイ科 | 時代：第三紀鮮新世 |
|---|---|
| 産地：高知県安芸郡安田町唐浜 | 母岩：砂泥 |
| サイズ：高さ2.8cm | クリーニングの難易度：D |

◎殻表には大きな縦肋が並ぶ。

## ■ヒュウガアラレナガニシ

| 分類：軟体動物腹足類イトマキボラ科 | 時代：第三紀鮮新世 |
|---|---|
| 産地：高知県安芸郡安田町唐浜 | 母岩：砂泥 |
| サイズ：高さ3.6cm | クリーニングの難易度：D |

◎殻は長くて比較的小さい。水管溝はまっすぐで長い。多産種。

中国・四国　新生代

中国・四国 新生代

■ホソモモエボラ

| 分類：軟体動物腹足類コロモガイ科 | 時代：第三紀鮮新世 |
| --- | --- |
| 産地：高知県安芸郡安田町唐浜 | 母岩：砂泥 |
| サイズ：高さ4.2cm | クリーニングの難易度：E |

◎殻は小型で長細い。殻表は絹目状をする。多産種。

■オリイレボラ

| 分類：軟体動物腹足類コロモガイ科 | 時代：第三紀鮮新世 |
| --- | --- |
| 産地：高知県安芸郡安田町唐浜 | 母岩：砂泥 |
| サイズ：高さ2.2cm | クリーニングの難易度：C |

◎殻は小型で強い縦肋があり、肩が張る。

■コロモガイ

| 分類：軟体動物腹足類コロモガイ科 | 時代：第三紀鮮新世 |
| --- | --- |
| 産地：高知県安芸郡安田町唐浜 | 母岩：砂泥 |
| サイズ：高さ4cm | クリーニングの難易度：D |

◎殻は中型で強く肩が張る。多産種。

■コロモガイの一種

| 分類：軟体動物腹足類コロモガイ科 | 時代：第三紀鮮新世 |
| --- | --- |
| 産地：高知県安芸郡安田町唐浜 | 母岩：砂泥 |
| サイズ：高さ3.2cm | クリーニングの難易度：C |

◎コロモガイによく似るが、縦肋がやや弱い。

■コンゴウボラ？

| 分類：軟体動物腹足類コロモガイ科 | 時代：第三紀鮮新世 |
| --- | --- |
| 産地：高知県安芸郡安田町唐浜 | 母岩：砂泥 |
| サイズ：高さ3.5cm | クリーニングの難易度：C |

◎殻は小型の卵形をし、殻表には縦肋と螺状脈が交差し、やや布目状をする。

■巻き貝（不明種）

| 分類：軟体動物腹足類 | 時代：第三紀鮮新世 |
| --- | --- |
| 産地：高知県安芸郡安田町唐浜 | 母岩：砂泥 |
| サイズ：高さ4.4cm | クリーニングの難易度：D |

◎殻は小型で螺塔が高く、強い縦肋がある。

■ヒメシャジクガイ？

| 分類：軟体動物腹足類クダマキガイ科 | 時代：第三紀鮮新世 |
|---|---|
| 産地：高知県安芸郡安田町唐浜 | 母岩：砂泥 |
| サイズ：高さ2.1cm | クリーニングの難易度：C |

◎周縁には小さな結節列が並ぶ。

■エンシュウイグチ

| 分類：軟体動物腹足類クダマキガイ科 | 時代：第三紀鮮新世 |
|---|---|
| 産地：高知県安芸郡安田町唐浜 | 母岩：砂泥 |
| サイズ：高さ3.1cm | クリーニングの難易度：C |

◎螺塔は高く角張る。殻表はほとんど平滑。

■クダマキガイの一種

| 分類：軟体動物腹足類クダマキガイ科 | 時代：第三紀鮮新世 |
|---|---|
| 産地：高知県安芸郡安田町唐浜 | 母岩：砂泥 |
| サイズ：高さ4.5cm | クリーニングの難易度：C |

◎螺塔は非常に高く、殻表にはこぶ状になった縦肋が並ぶ。タケノコシャジクに似る。

■クダマキガイの一種

| 分類：軟体動物腹足類クダマキガイ科 | 時代：第三紀鮮新世 |
|---|---|
| 産地：高知県安芸郡安田町唐浜 | 母岩：砂泥 |
| サイズ：高さ6.5cm | クリーニングの難易度：C |

◎螺塔の高い長細い貝。螺層には螺肋が並ぶ。

■タカナベクダマキガイ

| 分類：軟体動物腹足類クダマキガイ科 | 時代：第三紀鮮新世 |
|---|---|
| 産地：高知県安芸郡安田町唐浜 | 母岩：砂泥 |
| サイズ：高さ5cm | クリーニングの難易度：C |

◎螺塔の高い長細い貝。螺層には平滑な螺肋が並び、肩角の上部は少しくぼむ。

■シャジク

| 分類：軟体動物腹足類クダマキガイ科 | 時代：第三紀鮮新世 |
|---|---|
| 産地：高知県安芸郡安田町唐浜 | 母岩：砂泥 |
| サイズ：高さ3.5cm | クリーニングの難易度：C |

◎殻は紡錘形で、肩部に顆粒を備えた竜骨がある。

中国・四国 新生代

■キヌガサガイ（A，B，C）

| 分類：軟体動物腹足類クマサカガイ科 | |
|---|---|
| 産地：高知県安芸郡安田町唐浜 | |
| 時代：第三紀鮮新世 | サイズ：A-径5cm，B-径8cm |
| 母岩：砂泥 | クリーニングの難易度：C |

◎低い円錐形で富士山のような形をしている。殻は薄く、周囲は底層をこして波状になって垂れる。殻頂部付近を貝殻片で装飾する。Aは殻頂部の装飾、Bは保存の良い標本の全体形、Cは殻底部、殻口の様子。

■カタベガイ

| 分類：軟体動物腹足類カタベガイ科 | |
|---|---|
| 産地：高知県安芸郡安田町唐浜 | |
| 時代：第三紀鮮新世 | サイズ：高さ3cm |
| 母岩：砂泥 | クリーニングの難易度：C |

◎やや平巻状で、はじめは平坦だがしだいに下降しはじめる。きわめて特異な形をしている。

■タケノコガイ科の一種
分類：軟体動物腹足類タケノコガイ科
産地：高知県安芸郡安田町唐浜
時代：第三紀鮮新世　サイズ：高さ6.5cm
母岩：砂泥　クリーニングの難易度：C
◎縫合の下にきざみのある太い螺肋がある。

■タケノコガイ科の一種
分類：軟体動物腹足類タケノコガイ科
産地：高知県安芸郡安田町唐浜
時代：第三紀鮮新世　サイズ：左の高さ3.1cm
母岩：砂泥　クリーニングの難易度：C
◎ヤスリギリに似る。

■スグウネトクサガイ
分類：軟体動物腹足類タケノコガイ科
産地：高知県安芸郡安田町唐浜
時代：第三紀鮮新世　サイズ：左の高さ3.1cm
母岩：砂泥　クリーニングの難易度：C
◎殻表には縦肋がある。

■タケノコガイ科の一種
分類：軟体動物腹足類タケノコガイ科
産地：高知県安芸郡安田町唐浜
時代：第三紀鮮新世　サイズ：高さ4.5cm
母岩：砂泥　クリーニングの難易度：C
◎縫合下でくびれる。殻表には太くて弱い縦肋がある。

中国・四国 新生代

■シドロガイ

| 分類：軟体動物腹足類スイショウガイ科 | 時代：第三紀鮮新世 |
|---|---|
| 産地：高知県安芸郡安田町唐浜 | 母岩：砂泥 |
| サイズ：高さ4.5cm | クリーニングの難易度：C |

◎螺塔は高く、各層肩部の縦肋が多い。

■ミズホスジボラ

| 分類：軟体動物腹足類ヒタチオビ科 | 時代：第三紀鮮新世 |
|---|---|
| 産地：高知県安芸郡安田町唐浜 | 母岩：砂泥 |
| サイズ：高さ3.3cm | クリーニングの難易度：C |

◎高さは3cmくらいが普通。螺塔が小さく、体層は大きい。多産種。

■リュウグウボタル

| 分類：軟体動物腹足類マクラガイ科 | 時代：第三紀鮮新世 |
|---|---|
| 産地：高知県安芸郡安田町唐浜 | 母岩：砂泥 |
| サイズ：高さ3.9cm | クリーニングの難易度：D |

◎螺塔が小さく体層が大きい。殻表はなめらかで殻頂は丸い。多産種。

■スイショウガイ科の一種

| 分類：軟体動物腹足類スイショウガイ科 | 時代：第三紀鮮新世 |
|---|---|
| 産地：高知県安芸郡安田町唐浜 | 母岩：砂泥 |
| サイズ：高さ5.9cm | クリーニングの難易度：C |

◎螺塔は高く、各層肩部に結節肋と螺状脈を巻く。

■ヒタチオビガイの一種(学名：フルゴラリア)

| 分類：軟体動物腹足類ヒタチオビ科 | 時代：第三紀鮮新世 |
|---|---|
| 産地：高知県安芸郡安田町唐浜 | 母岩：砂泥 |
| サイズ：高さ8cm | クリーニングの難易度：C |

◎不完全な標本なので種は不明。産出は少ない。

### ■マキミゾグルマガイ

| 分類：軟体動物腹足類クルマガイ科 | 時代：第三紀鮮新世 |
|---|---|
| 産地：高知県安芸郡安田町唐浜 | 母岩：砂泥 |
| サイズ：径3.4cm | クリーニングの難易度：C |

◎形はキサゴに似る。肋上に多数の顆粒がある。

### ■キバウミニナ

| 分類：軟体動物腹足類ウミニナ科 | 時代：第三紀鮮新世 |
|---|---|
| 産地：高知県安芸郡安田町唐浜 | 母岩：砂泥 |
| サイズ：高さ6cm | クリーニングの難易度：D |

◎大型のウミニナ類。オレンジ色が残っているものが多い。

### ■タケノコカニモリ科の一種

| 分類：軟体動物腹足類タケノコカニモリ科 | 時代：第三紀鮮新世 |
|---|---|
| 産地：高知県安芸郡安田町唐浜 | 母岩：砂泥 |
| サイズ：高さ2.7cm | クリーニングの難易度：D |

◎カニモリガイの仲間と思われる。赤い色が残っている。

### ■フジツガイ科の一種

| 分類：軟体動物腹足類フジツガイ科 | 時代：第三紀鮮新世 |
|---|---|
| 産地：高知県安芸郡安田町唐浜 | 母岩：砂泥 |
| サイズ：高さ5.5cm | クリーニングの難易度：D |

◎形状からフジツガイの仲間と思われる。

### ■コナルトボラ？

| 分類：軟体動物腹足類オキニシ科 | 時代：第三紀鮮新世 |
|---|---|
| 産地：高知県安芸郡安田町唐浜 | 母岩：砂泥 |
| サイズ：高さ3cm | クリーニングの難易度：D |

◎形状からオキニシ科のコナルトボラに似る。

### ■エビスガイの一種？

| 分類：軟体動物腹足類 | 時代：第三紀鮮新世 |
|---|---|
| 産地：高知県安芸郡安田町唐浜 | 母岩：砂泥 |
| サイズ：高さ5cm | クリーニングの難易度：D |

◎リュウテン科（サザエ類）にも似るが、ニシキウズ科のエビスガイの仲間と思われる。

中国・四国 新生代

■ホロガイ

| 分類：軟体動物腹足類ヤツシロガイ科 | 時代：第三紀鮮新世 |
| --- | --- |
| 産地：高知県安芸郡安田町唐浜 | 母岩：砂泥 |
| サイズ：高さ8cm | クリーニングの難易度：C |

◎殻はよくふくらみ、肋間肋がある。殻が薄くて壊れやすく、完全な形での採集は困難。

■ウズラガイ

| 分類：軟体動物腹足類ヤツシロガイ科 | 時代：第三紀鮮新世 |
| --- | --- |
| 産地：高知県安芸郡安田町唐浜 | 母岩：砂泥 |
| サイズ：高さ7.1cm | クリーニングの難易度：D |

◎ヤツシロガイに似るが、螺塔が少し高くかなり縦長である。

■トキワガイ？

| 分類：軟体動物腹足類ヤツシロガイ科 | 時代：第三紀鮮新世 |
| --- | --- |
| 産地：高知県安芸郡安田町唐浜 | 母岩：砂泥 |
| サイズ：高さ5cm | クリーニングの難易度：C |

◎ウラシマガイ（トウカムリ科）にも似るが、幅広い肋間からヤツシロガイ科のトキワガイもしくはミヤシロガイに近い。

■タツマキサザエ

| 分類：軟体動物腹足類リュウテン科 | 時代：第三紀鮮新世 |
| --- | --- |
| 産地：高知県安芸郡安田町唐浜 | 母岩：砂泥 |
| サイズ：高さ3cm | クリーニングの難易度：D |

◎やや小さめのサザエの仲間。殻表はなめらか。

■ウラシマガイの仲間

| 分類：軟体動物腹足類トウカムリ科 | 時代：第三紀鮮新世 |
| --- | --- |
| 産地：高知県安芸郡安田町唐浜 | 母岩：砂泥 |
| サイズ：高さ4.2cm | クリーニングの難易度：C |

◎ヤツシロガイ科の仲間にも似るが、螺肋、肋間溝の様子はウラシマガイの仲間に似る。

■ハナムシロガイ

| 分類：軟体動物腹足類ムシロガイ科 | 時代：第三紀鮮新世 |
| --- | --- |
| 産地：高知県安芸郡安田町唐浜 | 母岩：砂泥 |
| サイズ：高さ2.3cm | クリーニングの難易度：E |

◎小型のムシロガイの一種。縦肋が強く、顆粒はめだたない。多産種。

中国・四国 新生代

### ■イモガイ科の一種

| 分類：軟体動物腹足類イモガイ科 | 産地：高知県安芸郡安田町唐浜 | 時代：第三紀鮮新世 |
|---|---|---|
| サイズ：A-高さ6.8cm、B-高さ5cm、C-高さ5cm | 母岩：砂泥 | クリーニングの難易度：D |

◎化石では模様が残らないものがほとんどなので，似通ったものの多いイモガイ類の同定は難しい。

### ■コシダカガンダラ ←

| 分類：軟体動物腹足類ニシキウズ科 | 時代：第三紀鮮新世 |
|---|---|
| 産地：高知県安芸郡安田町唐浜 | 母岩：砂泥 |
| サイズ：径1.8cm | クリーニングの難易度：E |

◎低い円錐形で頑丈な殻を持つ。殻表に太くてうねった縦肋がある。

### ■ニシキウズ科の一種

| 分類：軟体動物腹足類ニシキウズ科 | 時代：第三紀鮮新世 |
|---|---|
| 産地：高知県安芸郡安田町唐浜 | 母岩：砂泥 |
| サイズ：径1.9cm | クリーニングの難易度：D |

◎ニシキウズ科のノボリガイに似る。

### ■ヒメショクコウラ

| 分類：軟体動物腹足類ショクコウラ科 | 時代：第三紀鮮新世 |
|---|---|
| 産地：高知県安芸郡安田町唐浜 | 母岩：砂泥 |
| サイズ：高さ3.8cm | クリーニングの難易度：C |

◎殻表には強い縦肋があり，肩付近でとがる。他種にはない特徴的な形をしている。

中国・四国 新生代

■アサガオガイ科の一種

| 分類：軟体動物腹足類アサガオガイ科 | 産地：高知県安芸郡安田町唐浜 | 時代：第三紀鮮新世 |
| --- | --- | --- |
| サイズ：A-高さ1.6cm, B-高さ1.6cm | 母岩：砂泥 | クリーニングの難易度：C |

◎浮遊生活をする巻き貝。殻は非常に薄い。

上の化石と同じ仲間である現生のルリガイ（アサガオガイ科）。大変美しい貝である（高さ3.5cm）。ルリガイは浮遊性のため、ひとたび海が荒れると大量に海岸に打ち上げられる。浮嚢と呼ばれる浮き袋を備えている。（秋田県男鹿市安田海岸にて。2000年10月撮影）

■カラフデガイ

| 分類：軟体動物腹足類フデガイ科 | 時代：第三紀鮮新世 |
| --- | --- |
| 産地：高知県安芸郡安田町唐浜 | 母岩：砂泥 |
| サイズ：高さ2.5cm | クリーニングの難易度：C |

◎殻表に螺状脈をめぐらし、細い縦脈とで布目状の模様をつくる。

■シキシマヨウラク

| 分類：軟体動物腹足類アクキガイ科 | 時代：第三紀鮮新世 |
| --- | --- |
| 産地：高知県安芸郡安田町唐浜 | 母岩：砂泥 |
| サイズ：高さ4cm | クリーニングの難易度：D |

◎三方向に突出する翼状突起がある。口は小さい。

中国・四国 新生代

■ヤスリツノガイ
| 分類：軟体動物掘足類ツノガイ科 | |
|---|---|
| 産地：高知県安芸郡安田町唐浜 | |
| 時代：第三紀鮮新世 | サイズ：大きいものの長さ6.5cm |
| 母岩：砂泥 | クリーニングの難易度：E |

◎殻表には多数の縦肋があり、横脈と交差する。殻頂部にはスリットがある。

■ツノガイ類の一種
| 分類：軟体動物掘足類 | |
|---|---|
| 産地：高知県安芸郡安田町唐浜 | |
| 時代：第三紀鮮新世 | サイズ：画面の左右8cm |
| 母岩：砂泥 | クリーニングの難易度：D |

◎小型のツノガイ類と思われる。ときおり密集して産出する。

■カニ類の一種
| 分類：節足動物甲殻類 | |
|---|---|
| 産地：高知県安芸郡安田町唐浜 | |
| 時代：第三紀鮮新世 | サイズ：左右7.8cm |
| 母岩：砂泥 | クリーニングの難易度：D |

◎唐浜のノジュールからはときおりカニの化石が産出する。硬いノジュールだが、タガネでていねいにクリーニングすると分離する。

■オニフジツボ
| 分類：節足動物蔓脚類 | |
|---|---|
| 産地：高知県安芸郡安田町唐浜 | |
| 時代：第三紀鮮新世 | サイズ：径2.8cm |
| 母岩：砂泥 | クリーニングの難易度：B |

◎クジラの皮膚に寄生するフジツボ。大きいものは10cm近くにもなる。表面がザラザラしているのでノジュールからの分離は難しい。

中国・四国 新生代

■サンショウウニ？の群集
| 分類：棘皮動物ウニ類 | |
|---|---|
| 産地：高知県安芸郡安田町唐浜 | |
| 時代：第三紀鮮新世 | サイズ：画面の左右15cm |
| 母岩：砂泥 | クリーニングの難易度：B |

◎地層の一部分にウニの化石が密集していた。わずか20cm四方の大きさに約70個のウニが確認できる。

■サンショウウニ？の復元
| 分類：棘皮動物ウニ類 | |
|---|---|
| 産地：高知県安芸郡安田町唐浜 | |
| 時代：第三紀鮮新世 | サイズ：復元した径約8cm |
| 母岩：砂泥 | クリーニングの難易度：B |

◎殻本体が残っているものがあったので、いっしょに産出した棘の化石をくっつけて復元したもの。

A

B

■サンショウウニ？の棘
| 分類：棘皮動物ウニ類 | 産地：高知県安芸郡安田町唐浜 | 時代：第三紀鮮新世 |
|---|---|---|
| サイズ：A-長さ3.5cm, B-長いものの長さ4cm | 母岩：砂泥 | クリーニングの難易度：C |

◎ウニ本体は溶けてなくなっているものがほとんどだが、棘はきれいに保存されていた。サンショウウニといわれているが、本体に対して棘がかなり大きく疑問である。

■カルカロドン・カルカリアス
分類：脊椎動物軟骨魚類
産地：高知県安芸郡安田町唐浜
時代：第三紀鮮新世
サイズ：高さ6.4cm
母岩：砂泥
クリーニングの難易度：E
◎最大級のホオジロザメの歯だ。あまりにも大きいので最初はメガロドンの歯と思ったくらいだ。

中国・四国　新生代

ホオジロザメ発見。下を向いて歩いていたら大きくて三角形をしたものが目に飛びこんできた。誰かが踏んでしまったのか、4つに割れていた。

中国・四国 新生代

■カルカロドン・カルカリアス
分類：脊椎動物軟骨魚類
産地：高知県安芸郡安田町唐浜
時代：第三紀鮮新世
サイズ：高さ4.8cm
母岩：砂泥
クリーニングの難易度：E

◎完全な歯である。現地性でまったく摩耗していないので，鋸歯もするどく，紙が切れるぐらいだ。歯根と歯冠の間にくっついているのは黄鉄鉱だ。上は歯冠部を拡大したもの。

ホオジロザメが見つかったところ。貝化石床から出るものと思っていたら，意外にも砂泥層の中から直接，単独で出てきた。

■メジロザメ
(学名：カルカリヌス)
分類：脊椎動物軟骨魚類
産地：高知県安芸郡安田町唐浜
時代：第三紀鮮新世
サイズ：大きいものの高さ1.7cm
母岩：砂泥
クリーニングの難易度：E
◎もっとも普通に産出するサメの歯。

中国・四国　新生代

■ネコザメ(学名：ヘテロドンタス)

| 分類：脊椎動物軟骨魚類 | |
|---|---|
| 産地：高知県安芸郡安田町唐浜 | |
| 時代：第三紀鮮新世 | サイズ：左右0.9cm |
| 母岩：砂泥 | クリーニングの難易度：E |

◎古いタイプのサメ類だ。こういった形の歯が上下の顎に敷きつめられている。

■トビエイ(学名：ミリオバチス)

| 分類：脊椎動物軟骨魚類 | |
|---|---|
| 産地：高知県安芸郡安田町唐浜 | |
| 時代：第三紀鮮新世 | サイズ：左右1.4cm |
| 母岩：砂泥 | クリーニングの難易度：E |

◎こういった形の歯がいくつも集まって1つの歯をつくっている。

■マツ属の毬果
(学名:ピヌス)
分類:裸子植物毬果類
産地:高知県安芸郡安田町唐浜
時代:第三紀鮮新世
サイズ:高さ6cm
母岩:砂泥
クリーニングの難易度:A
◎松ぼっくりが1個そのままノジュールに包まれている。取り出すことは不可能。

唐浜の産地は道路の建設現場になっていて、地層がむき出しになっている。週末は化石愛好家でにぎわう。

地層の表面には無数のノジュールが雨で洗い出されて転がっている。化石は、ノジュールのみならず、地層から直接産出するものも多い。

# 九州

| 産地 | 地質時代 |
|---|---|
| **古生代** | |
| ⑩ 宮崎県西臼杵郡五ヶ瀬町鞍岡祇園山 | シルル紀 |
| **中生代** | |
| ㉔ 熊本県天草郡龍ヶ岳町椚島 | 白亜紀 |
| **新生代** | |
| ㊳ 長崎県西彼杵郡伊王島町沖之島 | 第三紀漸新世 |
| ㊴ 長崎県壱岐郡芦辺町長者原崎 | 第三紀中新世 |
| ㊵ 宮崎県児湯郡川南町通山浜 | 第三紀鮮新世 |
| ㊶ 大分県玖珠郡九重町奥双石 | 第四紀更新世 |

九州 古生代

五ヶ瀬町鞍岡祇園山のこのあたりは何年か前に大崩落し、そのときに大量の化石が産出したらしい。

■アカントハリシテス・クラオケンシス
分類：腔腸動物床板サンゴ類
産地：宮崎県西臼杵郡五ヶ瀬町鞍岡祇園山
時代：シルル紀　　サイズ：画面の左右4cm
母岩：凝灰岩　　クリーニングの難易度：C
◎鎖が1つあるいは2つしかないタイプで、学名にはこの地の名前（鞍岡）がついている。

■ファボシテス
分類：腔腸動物床板サンゴ類
産地：宮崎県西臼杵郡五ヶ瀬町鞍岡祇園山
時代：シルル紀　　サイズ：母岩の左右4cm
母岩：凝灰岩　　クリーニングの難易度：C
◎きれいに風化し、群体の側面の様子がよくわかる標本。

九州 中生代

天草の椚島は白亜紀の地層が海岸に露出していて、所どころからアンモナイトや貝類の化石が産出する。

■ゴードリセラス

| 分類：軟体動物頭足類 | |
|---|---|
| 産地：熊本県天草郡龍ヶ岳町椚島 | |
| 時代：白亜紀 | サイズ：径5.5cm |
| 母岩：頁岩 | クリーニングの難易度：D |

◎化石は圧力のためにぺしゃんこにつぶれている。この標本は厚さ5mmもない。

■ゴードリセラス

| 分類：軟体動物頭足類 | |
|---|---|
| 産地：熊本県天草郡龍ヶ岳町椚島 | |
| 時代：白亜紀 | サイズ：径3.6cm |
| 母岩：頁岩 | クリーニングの難易度：D |

◎海岸を歩いていると自然に分離したアンモナイトが転がっている。

■アナプチクス

| 分類：軟体動物頭足類 | |
|---|---|
| 産地：熊本県天草郡龍ヶ岳町椚島 | |
| 時代：白亜紀 | サイズ：高さ2.2cm |
| 母岩：頁岩 | クリーニングの難易度：D |

◎いわゆるアンモナイトの顎器である。

九州 中生代

■ネオフィロセラス
分類：軟体動物頭足類
産地：熊本県天草郡龍ヶ岳町椚島
時代：白亜紀　　サイズ：径5cm
母岩：頁岩　　クリーニングの難易度：D
◎北海道でおなじみの種類だ。

■大型アンモナイトの破片
分類：軟体動物頭足類
産地：熊本県天草郡龍ヶ岳町椚島
時代：白亜紀　　サイズ：長さ9cm
母岩：頁岩　　クリーニングの難易度：D
◎やや大きなアンモナイトの破片だ。復元すると直径はゆうに30cmをこえる。

海岸に露出する地層で見つかったポリプチコセラス。

■ポリプチコセラス
分類：軟体動物頭足類
産地：熊本県天草郡龍ヶ岳町椚島
時代：白亜紀　　サイズ：長さ4.8cm
母岩：頁岩　　クリーニングの難易度：B
◎ポリプチコセラスはクリップのように巻いた異常巻きアンモナイトで、北海道北部からも多産する。

九州 中生代

■イノセラムス・シュミッティー

| 分類：軟体動物斧足類 | 産地：熊本県天草郡龍ヶ岳町椚島 | 時代：白亜紀 |
|---|---|---|
| サイズ：長さ18cm | 母岩：頁岩 | クリーニングの難易度：C |

◎大型のイノセラムスで、成長線がハの字形に広がる。右は殻頂部の拡大写真で、ギザギザとした歯が確認できる。

■イノセラムス・オリエンタリス

| 分類：軟体動物斧足類 | |
|---|---|
| 産地：熊本県天草郡龍ヶ岳町椚島 | |
| 時代：白亜紀 | サイズ：長さ5cm |
| 母岩：頁岩 | クリーニングの難易度：D |

◎両殻が開いた状態の標本。

■ツキヒガイの仲間

| 分類：軟体動物斧足類 | |
|---|---|
| 産地：熊本県天草郡龍ヶ岳町椚島 | |
| 時代：白亜紀 | サイズ：大きいほうの高さ1.5cm |
| 母岩：頁岩 | クリーニングの難易度：D |

◎11本の内肋が確認できる。

九州 中生代

■ウニ（不明種）
分類：棘皮動物ウニ類
産地：熊本県天草郡龍ヶ岳町椚島
時代：白亜紀　サイズ：径5.5cm
母岩：頁岩　クリーニングの難易度：C
◎ブンブクウニの仲間。

■ツノザメの仲間？
分類：脊椎動物軟骨魚類
産地：熊本県天草郡龍ヶ岳町椚島
時代：白亜紀　サイズ：高さ0.4cm
母岩：頁岩　クリーニングの難易度：C
◎この産地からはかなりの確率でサメの歯が産出している。

地層に残されたさざ波の痕跡。遠くに見える島は御所浦島で、化石がたくさん産出する。

■植物化石（不明種）←
分類：裸子植物？
産地：熊本県天草郡龍ヶ岳町椚島
時代：白亜紀　サイズ：長さ11cm
母岩：頁岩　クリーニングの難易度：C
◎シダ植物にも似るが、形状はヒノキ科のアスナロにも似る。

長崎県崎戸島周辺には漸新世の地層が分布し、各地で化石が産出している。また、かつては石炭の町として有名であった。この状態から化石を取り出すのは難しい。

■六射サンゴ（不明種）

| 分類：腔腸動物六射サンゴ類 | |
|---|---|
| 産地：長崎県西彼杵郡伊王島町沖之島 | |
| 時代：第三紀漸新世 | サイズ：高さ1.3cm |
| 母岩：砂岩 | クリーニングの難易度：B |

◎小型のセンスガイの一種。

■フミガイの一種

| 分類：軟体動物斧足類 | |
|---|---|
| 産地：長崎県西彼杵郡伊王島町沖之島 | |
| 時代：第三紀漸新世 | サイズ：長さ3.6cm |
| 母岩：砂岩 | クリーニングの難易度：B |

◎非常に分離が悪く、外形を出すのは困難。

九州 新生代

伊王島町沖之島の海岸。漸新世の地層が露出して、貝化石が産出する。オウムガイが有名。

■フナクイムシ（学名：テレド）
分類：軟体動物斧足類
産地：長崎県西彼杵郡伊王島町沖之島
時代：第三紀漸新世　サイズ：母岩の左右10cm
母岩：砂岩　クリーニングの難易度：D
◎海岸の転石としてそのままころがっていたもの。

■二枚貝（不明種）
分類：軟体動物斧足類
産地：長崎県西彼杵郡伊王島町沖之島
時代：第三紀漸新世　サイズ：長さ5.8cm
母岩：砂岩　クリーニングの難易度：C
◎形状からマルスダレガイ科の一種と思われる。

■巻き貝（不明種）
分類：軟体動物腹足類
産地：長崎県西彼杵郡伊王島町沖之島
時代：第三紀漸新世　サイズ：高さ3.5cm
母岩：砂岩　クリーニングの難易度：B
◎螺層に棘がいくつも並ぶ。

■シロモジ？
分類：被子植物双子葉類クスノキ科
産地：長崎県壱岐郡芦辺町長者原崎（壱岐島）
時代：第三紀中新世
サイズ：長さ14.5cm
母岩：珪藻土
クリーニングの難易度：D
◎形状はフウに似るが、鋸歯が見られない点を考えるとシロモジに近いと思われる。

■モクゲンジの仲間
分類：被子植物双子葉類ムクロジ科
産地：長崎県壱岐郡芦辺町長者原崎（壱岐島）
時代：第三紀中新世
サイズ：長さ4.5cm
母岩：珪藻土
クリーニングの難易度：D
◎さく果（3片に裂開したものの1つ）の化石。

九州 新生代

231

九州 新生代

川南町通山の海岸。鮮新世の地層が海岸沿いに続く。

■センスガイの一種
分類：腔腸動物六射サンゴ類
産地：宮崎県児湯郡川南町通山浜
時代：第三紀鮮新世　サイズ：高さ3.8cm
母岩：砂岩　クリーニングの難易度：C
◎根がとがらないタイプ。

■センスガイの一種
分類：腔腸動物六射サンゴ類
産地：宮崎県児湯郡川南町通山浜
時代：第三紀鮮新世　サイズ：高さ4cm
母岩：砂岩　クリーニングの難易度：C
◎根がとがり、扇子状をしている。

■モミジツキヒ(学名：アムシオペクテン)
分類：軟体動物斧足類イタヤガイ科
産地：宮崎県児湯郡川南町通山浜

| 時代：第三紀鮮新世 | サイズ：高さ10cm |
|---|---|
| 母岩：砂岩 | クリーニングの難易度：C |

◎モミジツキヒは多産するが、死殻のため片側しか産出しない。四国の唐浜とは違い、現地性ではなさそうだ。

■ホクリクホタテ(学名：ミズホペクテン・トウキョウエンシス・ホクリクエンシス)
分類：軟体動物斧足類イタヤガイ科
産地：宮崎県児湯郡川南町通山浜

| 時代：第三紀鮮新世 | サイズ：高さ3.8cm |
|---|---|
| 母岩：砂岩 | クリーニングの難易度：C |

◎トウキョウホタテの一種。右殻。

■キカイヒヨク(学名：クリプトペクテン)
分類：軟体動物斧足類イタヤガイ科
産地：宮崎県児湯郡川南町通山浜

| 時代：第三紀鮮新世 | サイズ：高さ2.3cm |
|---|---|
| 母岩：砂岩 | クリーニングの難易度：C |

◎小型のイタヤガイ科の化石。殻表には小さな鱗片突起が並ぶ。

■ダイニチフミガイ(学名：ベネルカルディア・パンダ)
分類：軟体動物斧足類トマヤガイ科
産地：宮崎県児湯郡川南町通山浜

| 時代：第三紀鮮新世 | サイズ：長さ2.9cm |
|---|---|
| 母岩：砂岩 | クリーニングの難易度：C |

◎太平洋側に分布する鮮新世の暖流系化石の特徴種。

九州 新生代

■ダイニチサトウガイ(学名：アナダラ)
分類：軟体動物斧足類フネガイ科
産地：宮崎県児湯郡川南町通山浜
時代：第三紀鮮新世　サイズ：長さ5.5cm
母岩：砂岩　クリーニングの難易度：C
◎アカガイの一種。両殻で産出するものが多い。この産地では多産する。

■タマキガイ科の一種(学名：グリキメリス)
分類：軟体動物斧足類タマキガイ科
産地：宮崎県児湯郡川南町通山浜
時代：第三紀鮮新世　サイズ：長さ3cm
母岩：砂岩　クリーニングの難易度：C
◎比較的小型である。

■ユキノアシタガイ(学名：カルテラス)
分類：軟体動物斧足類マテガイ科
産地：宮崎県児湯郡川南町通山浜
時代：第三紀鮮新世　サイズ：長さ8.5cm
母岩：砂岩　クリーニングの難易度：C
◎殻は薄く大変細長い。

■マツヤマワスレ
分類：軟体動物斧足類マルスダレガイ科
産地：宮崎県児湯郡川南町通山浜
時代：第三紀鮮新世　サイズ：長さ7.5cm
母岩：砂岩　クリーニングの難易度：C
◎殻表は非常になめらかでつやがある。

九州 新生代

■タイラギガイ
分類：軟体動物斧足類ハボウキガイ科
産地：宮崎県児湯郡川南町通山浜
時代：第三紀鮮新世　サイズ：長さ10cm
母岩：砂岩　クリーニングの難易度：C
◎タイラギの仲間は殻が薄くはがれやすいため、採集もクリーニングも困難をきわめる。

■ツヤガラス(学名：モディオルス)
分類：軟体動物斧足類イガイ科
産地：宮崎県児湯郡川南町通山浜
時代：第三紀鮮新世　サイズ：長さ7.5cm
母岩：砂岩　クリーニングの難易度：C
◎保存が悪いが、殻頂からのびる直線のラインから、ツヤガラスと思われる。

■イボキサゴ
分類：軟体動物腹足類ニシキウズ科
産地：宮崎県児湯郡川南町通山浜
時代：第三紀鮮新世
サイズ：径1.9cm
母岩：砂岩
クリーニングの難易度：C
◎縫合下に大きなイボが並ぶ。

## ■ナガニシ
分類：軟体動物腹足類イトマキボラ科
産地：宮崎県児湯郡川南町通山浜
時代：第三紀鮮新世
サイズ：高さ7cm
母岩：砂岩
クリーニングの難易度：C
◎長い水管が特徴。

## ■アクキガイ
分類：軟体動物腹足類アクキガイ科
産地：宮崎県児湯郡川南町通山浜

| 時代：第三紀鮮新世 | サイズ：高さ4cm |
|---|---|
| 母岩：砂岩 | クリーニングの難易度：C |

◎殻にたくさんの棘を持つホネガイの仲間。

## ■ミクリガイの仲間
分類：軟体動物腹足類エゾバイ科
産地：宮崎県児湯郡川南町通山浜

| 時代：第三紀鮮新世 | サイズ：高さ1.9cm |
|---|---|
| 母岩：砂岩 | クリーニングの難易度：D |

◎殻表はやや布目状をする。

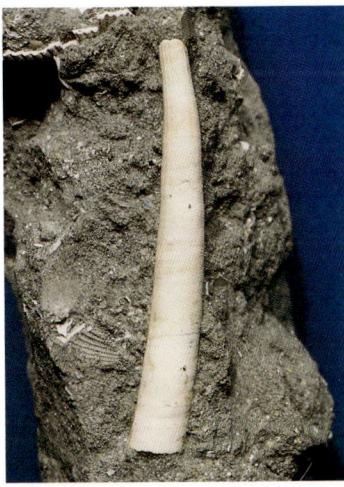

九州 新生代

■ツノガイ
| 分類：軟体動物掘足類ツノガイ科 ||
| 産地：宮崎県児湯郡川南町通山浜 ||
| 時代：第三紀鮮新世 | サイズ：長さ5.9cm |
| 母岩：砂岩 | クリーニングの難易度：D |

◎成長した部分は平滑で光沢がある。

■カニ類（不明種）
| 分類：節足動物甲殻類 ||
| 産地：宮崎県児湯郡川南町通山浜 ||
| 時代：第三紀鮮新世 | サイズ：左右4.8cm |
| 母岩：砂岩 | クリーニングの難易度：D |

◎保存があまり良くないのでここでは展示していないが、ワタリガニも産出した。

■フジツボ
| 分類：節足動物蔓脚類 |
| 産地：宮崎県児湯郡川南町通山浜 |
| 時代：第三紀鮮新世 |
| サイズ：径1.1cm |
| 母岩：砂岩 |
| クリーニングの難易度：D |

◎白いのはイワフジツボ、赤いのはアカフジツボと思われる。

237

九州 新生代

九重町奥双石の採石場。安山岩の火山礫を多数含み、小さな湖のすぐ近くで火山が活発に活動していた様子がうかがわれる。魚の化石が産出することで有名な場所でもある。

■ハナアブ

| 分類：節足動物昆虫類 ||
|---|---|
| 産地：大分県玖珠郡九重町奥双石 ||
| 時代：第四紀更新世 | サイズ：長さ1cm |
| 母岩：火山灰 | クリーニングの難易度：C |

◎頭部が欠損しているが、ハナアブの仲間と思われる。

■フサモ

| 分類：被子植物双子葉類アリノトウグサ科 ||
|---|---|
| 産地：大分県玖珠郡九重町奥双石 ||
| 時代：第四紀更新世 | サイズ：長さ4cm |
| 母岩：火山灰 | クリーニングの難易度：C |

◎マツモにも似るが、形状からフサモと思われる。

### ■エノキ
| | |
|---|---|
| 分類：被子植物双子葉類ニレ科 | |
| 産地：大分県玖珠郡九重町奥双石 | |
| 時代：第四紀更新世 | サイズ：長さ2.9cm |
| 母岩：火山灰 | クリーニングの難易度：C |

◎形状からニレ科のエノキと思われる。

### ■サクラの仲間？
| | |
|---|---|
| 分類：被子植物双子葉類バラ科 | |
| 産地：大分県玖珠郡九重町奥双石 | |
| 時代：第四紀更新世 | サイズ：長さ4.3cm |
| 母岩：火山灰 | クリーニングの難易度：C |

◎形状や鋸歯の様子からサクラの仲間と思われる。

### ■アワブキ
| | |
|---|---|
| 分類：被子植物双子葉類アワブキ科 | |
| 産地：大分県玖珠郡九重町奥双石 | |
| 時代：第四紀更新世 | サイズ：長さ16cm |
| 母岩：火山灰 | クリーニングの難易度：C |

◎大きくて弱い鋸歯が特徴。

### ■カナクギノキ
| | |
|---|---|
| 分類：被子植物双子葉類クスノキ科 | |
| 産地：大分県玖珠郡九重町奥双石 | |
| 時代：第四紀更新世 | サイズ：長さ10cm |
| 母岩：火山灰 | クリーニングの難易度：C |

◎葉は付け根近くで幅が狭く、徐々に幅広くなる。

九州 新生代

■ケヤキ
分類：被子植物双子葉類ニレ科
産地：大分県玖珠郡九重町奥双石
時代：第四紀更新世　　サイズ：長さ3.8cm
母岩：火山灰　　　　　クリーニングの難易度：C
◎形状からニレ科のケヤキと思われる。ケヤキは大きな木で30mにもなる。化石は第四紀の地層から普通に産出する。

■ブナ
分類：被子植物双子葉類ブナ科
産地：大分県玖珠郡九重町奥双石
時代：第四紀更新世　　サイズ：長さ4.5cm
母岩：火山灰　　　　　クリーニングの難易度：C
◎形状からブナの葉と思われる。ブナも大きな木で30mくらいになる。温帯林の特徴的な種類。

■イタヤカエデ（学名：アーサー）
分類：被子植物双子葉類カエデ科
産地：大分県玖珠郡九重町奥双石
時代：第四紀更新世　　サイズ：長さ11cm
母岩：火山灰　　　　　クリーニングの難易度：C
◎葉柄の長さ、歯の形状からイタヤカエデと思われる。高さが20mにもなる高木で、ツタモミジともいう。

■カエデの種子（学名：アーサー）
分類：被子植物双子葉類カエデ科
産地：大分県玖珠郡九重町奥双石
時代：第四紀更新世　　サイズ：長さ1.5cm
母岩：火山灰　　　　　クリーニングの難易度：C
◎いわゆるカエデの翼果である。回転しながら落ちていく。

# 付録

1 地質時代と生き物の盛衰
2 全国の主な化石産地・産出化石
3 新しくオープンした化石を展示している博物館
4 装備一覧表
5 化石名索引

# 1 地質時代と生き物の盛衰

| 地質時代 | | 先カンブリア時代 | カンブリア紀 |
|---|---|---|---|
| 絶対年数（単位万年） | | ←地球の誕生 約46億年前 | 57000 |
| 期　間（単位万年） | | ←生命の誕生 約35億年前 | 6000 |

[主な生き物の分類]　　　　[主な化石]

- 無脊椎動物
  - 紡錘虫類　　　（フズリナ）
  - 放散虫類　　　（放散虫）
  - 古杯動物　　　（アーケオシアタス）
  - 海綿動物　　　（海綿）
  - 床板サンゴ類　（ハチノスサンゴ，クサリサンゴ）
  - 四射サンゴ類　（貴州サンゴ，ワーゲノフィルム）
  - 六射サンゴ類　（センスガイ，キクメイシ）
  - 蘚虫動物　　　（フェネステラ）
  - 腕足動物　　　（シャミセンガイ，ホウズキガイ）
  - 腹足類　　　　（オキナエビス，ツリテラ）
  - 掘足類　　　　（ツノガイ）
  - 斧足類　　　　（ホタテガイ，キララガイ）
  - オウムガイ類　（直角石，キマトセラス）
  - 菊石類　　　　（ゴニアタイト，アンモナイト）
  - 環形動物　　　（ゴカイ）
  - 三葉虫類　　　（ファコプス，フィリップシア）
  - 甲殻類　　　　（介形虫，カニ，エビ，シャコ）
  - 昆虫類　　　　（ハチ，アリ，トンボ，ゴキブリ）
  - ウミユリ類　　（ウミユリ，ウミツボミ）
  - ウニ類　　　　（キダリス，カシパンウニ）
  - 筆石類　　　　（フデイシ）
- コノドント　　　（コノドント）
- 脊椎動物
  - 無顎類　　　　（ヤツメウナギ）
  - 板皮類　　　　（甲冑魚）
  - 棘魚類　　　　（棘魚）
  - 硬骨魚類　　　（シーラカンス）
  - 軟骨魚類　　　（サメ，エイ）
  - 両生類　　　　（カエル）
  - 爬虫類　　　　（恐竜，ワニ，ヘビ）
  - 鳥類　　　　　（ペンギン）
  - 哺乳類　　　　（アシカ，クジラ，ゾウ，ヒト）
- 植物
  - 菌類　　　　　（キノコ）
  - シダ植物　　　（ウラジロ，スギナ）
  - 裸子植物　　　（ソテツ，イチョウ，マツ，スギ）
  - 被子植物　　　（ブナ，カエデ）

付録 1 地質時代と生き物の盛衰

| 古生代 | | | | | 中生代 | | | 新生代 | |
|---|---|---|---|---|---|---|---|---|---|
| オルドビス紀 | シルル紀 | デボン紀 | 石炭紀 | ペルム紀 | 三畳紀 | ジュラ紀 | 白亜紀 | 第三紀 | 第四紀 |
| 51000 | 43900 | 40900 | 36300 | 29000 | 24500 | 20800 | 14600 | 6500 | 175 |
| 7100 | 3000 | 4600 | 7300 | 4500 | 3700 | 6200 | 8100 | 6325 | 175 |
| | | | | | 古第三紀 | | 新第三紀 | 第四紀 | |
| | | | | | 暁新世 / 始新世 / 漸新世 | | 中新世 / 鮮新世 | 更新世 | 完新世 |

243

# 2 全国の主な化石産地・産出化石

| 産地 | 時代 | 産出化石 |
|---|---|---|
| **北海道** | | |
| 北見市相の内 | ジュラ紀 | 層孔虫, 石灰藻, ウニ |
| 勇払郡占冠村双朱別川 | ジュラ紀 | 有孔虫, 貝類 |
| 空知郡南富良野町金山石灰沢 | ジュラ紀 | サンゴ, 層孔虫, 石灰藻, 貝類 |
| 稚内市東浦, 清浜, 泊内, 豊岩, 宗谷岬 | 白亜紀 | アンモナイト, 貝類, ウニ, 植物 |
| 枝幸郡中頓別町北沢, 松音知, 敏音知 | 白亜紀 | アンモナイト, 貝類, ウニ |
| 宗谷郡猿払村上猿払セキタンベツ川 | 白亜紀 | アンモナイト, 貝類 |
| 中川郡音威子府村上音威子府 | 白亜紀 | アンモナイト, 貝類 |
| 中川郡中川町佐久安平志内川流域 | 白亜紀 | アンモナイト, 貝類, サメの歯, 爬虫類 |
| 天塩郡遠別町ウッツ川, ルベシ沢 | 白亜紀 | アンモナイト, オウムガイ, 貝類, 獣骨, サメの歯 |
| 苫前郡羽幌町羽幌川上流 | 白亜紀 | アンモナイト, 貝類, サメの歯, 獣骨 |
| 苫前郡苫前町古丹別川上流 | 白亜紀 | アンモナイト, オウムガイ, 貝類, サメの歯, 獣骨 |
| 留萌郡小平町小平蘂川上流 | 白亜紀 | アンモナイト, 貝類, サメの歯, 獣骨 |
| 根室市ノッカマップ | 白亜紀 | アンモナイト, 貝類, 魚類 |
| 厚岸郡浜中町奔幌戸, 琵琶瀬 | 白亜紀 | アンモナイト, 貝類, 腕足類 |
| 厚岸郡厚岸町アイカップ岬 | 白亜紀 | アンモナイト |
| 勇払郡穂別町シサヌシベ川 | 白亜紀 | アンモナイト, 貝類 |
| 勇払郡占冠村金山峠 | 白亜紀 | アンモナイト |
| 空知郡南富良野町金山 | 白亜紀 | アンモナイト |
| 三笠市幾春別川上流 | 白亜紀 | アンモナイト, 貝類, サメの歯, 爬虫類 |
| 芦別市芦別川上流 | 白亜紀 | アンモナイト, 貝類 |
| 夕張市函淵 | 白亜紀 | 植物, エビ |
| 夕張市大夕張 | 白亜紀 | アンモナイト, 貝類 |
| 沙流郡平取町アベツ川 | 白亜紀 | アンモナイト |
| 浦河郡浦河町井寒台 | 白亜紀 | アンモナイト, 貝類, ウニ |
| 北見市若松沢 | 古第三紀 | 植物, 昆虫 |
| 白糠郡白糠町中庶路 | 古第三紀 | 植物 |
| 白糠郡白糠町上茶路 | 古第三紀 | 貝類, サンゴ |
| 美唄市盤の沢 | 古第三紀 | 植物 |
| 夕張市夕張川 | 古第三紀 | 魚類 |
| 夕張市冷水山 | 古第三紀 | 植物 |
| 夕張郡栗山町角田 | 古第三紀 | 植物 |
| 浦河郡浦河町元浦河ポロナイ沢 | 古第三紀 | 蘚虫 |
| 稚内市宗谷岬, 抜海 | 新第三紀 | 貝類, ウニ, サメの歯, サンゴ, 魚類 |
| 稚内市曲淵 | 新第三紀 | 植物 |
| 枝幸郡歌登町上徳志別 | 新第三紀 | 哺乳類, 貝類 |
| 天塩郡豊富町 | 新第三紀 | 貝類, カニ |
| 天塩郡天塩町左沢 | 新第三紀 | 貝類 |
| 天塩郡幌延町問寒別 | 新第三紀 | 貝類 |
| 天塩郡遠別町遠別海岸, 遠別川 | 新第三紀 | 貝類, 哺乳類 |
| 苫前郡初山別村豊岬 | 新第三紀 | 魚類, ウニ, 哺乳類, 鰭脚類 |
| 苫前郡羽幌町羽幌川, 曙 | 新第三紀 | 貝類, 哺乳類 |

244

| | | |
|---|---|---|
| 苫前郡苫前町古丹別川 | 新第三紀 | 貝類 |
| 留萌市海岸 | 新第三紀 | 貝類 |
| 紋別郡遠軽町社名淵 | 新第三紀 | 植物 |
| 常呂郡留辺蘂町大富, 留辺蘂 | 新第三紀 | 植物 |
| 常呂郡端野町忠志 | 新第三紀 | 貝類 |
| 北見市相の内橋 | 新第三紀 | 貝類, ウニ, 哺乳類, サメの歯 |
| 網走郡美幌町栄森 | 新第三紀 | 貝類 |
| 目梨郡羅臼町化石浜 | 新第三紀 | 貝類 |
| 阿寒郡阿寒町飽別 | 新第三紀 | サメの歯, 貝類 |
| 白糠郡音別町尺別 | 新第三紀 | 貝類 |
| 十勝郡浦幌町浦幌, オコッペ沢 | 新第三紀 | 貝類, 哺乳類 |
| 足寄郡足寄町茂螺湾 | 新第三紀 | 哺乳類 |
| 中川郡本別町本別川 | 新第三紀 | 貝類, ウニ |
| 中川郡幕別町札内, 中里 | 新第三紀 | サメの歯, 貝類 |
| 河東郡上士幌町糠平 | 新第三紀 | 植物, 昆虫 |
| 雨竜郡北竜町恵岱別川 | 新第三紀 | 貝類, ウニ |
| 雨竜郡沼田町幌新太刀別川, 浅野 | 新第三紀 | 貝類, フジツボ, 哺乳類, 植物 |
| 樺戸郡新十津川町幌加尾, 白利加川 | 新第三紀 | 貝類, ウニ |
| 石狩郡当別町青山中央 | 新第三紀 | 貝類, ウニ, フジツボ |
| 厚田郡厚田村望来海岸, 厚田海岸 | 新第三紀 | 貝類, ウニ, 哺乳類, 植物 |
| 芦別市サキペンベツ川 | 新第三紀 | 植物 |
| 空知郡栗沢町美流渡 | 新第三紀 | 貝類, ウニ |
| 山越郡長万部町紋別川 | 新第三紀 | 貝類 |
| 寿都郡黒松内町中の川 | 新第三紀 | 魚類 |
| 瀬棚郡今金町美利加, 花石, 珍古辺 | 新第三紀 | 貝類, 腕足類, 海綿, サンゴ, 魚類, 哺乳類 |
| 瀬棚郡瀬棚町虻羅 | 新第三紀 | 植物, 昆虫 |
| 瀬棚郡北檜山町太櫓川 | 新第三紀 | 哺乳類, 魚類 |
| 檜山郡厚沢部町館町, 佐助沢 | 新第三紀 | 貝類, 哺乳類, 植物 |
| 檜山郡上ノ国町木ノ子 | 新第三紀 | 植物 |
| 爾志郡熊石町平田内 | 新第三紀 | 植物 |
| 松前郡福島町吉岡 | 新第三紀 | 植物, 魚類 |
| 上磯郡知内町知内川 | 新第三紀 | 貝類 |
| 広尾郡忠類村 | 第四紀 | 哺乳類 |
| 幌泉郡えりも町襟裳小越 | 第四紀 | 哺乳類 |
| 瀬棚郡瀬棚町最内沢, 豊岡 | 第四紀 | 貝類 |

## 青森県

| | | |
|---|---|---|
| 下北郡東通村尻屋崎 | ジュラ紀 | サンゴ, 層孔虫 |
| 北津軽郡市浦村桂川, 山王沢 | 古・新第三紀 | 貝類 |
| 西津軽郡深浦町田野沢, 北金が沢, 追立沢, 上晴山 | 新第三紀 | 貝類, 腕足類, ウニ, 魚類, 哺乳類, 有孔虫 |
| 下北郡東通村砂子又 | 新第三紀 | 貝類, 腕足類, ウニ, 魚類 |
| 西津軽郡鰺ヶ沢町一ツ森 | 新第三紀 | 貝類, 腕足類, ウニ, 魚類, 哺乳類 |
| 中津軽郡相馬村藤倉川 | 新第三紀 | 植物 |
| 中津軽郡西目屋村砂子瀬 | 新第三紀 | 貝類 |
| 南津軽郡浪岡町大釈迦 | 新第三紀 | 貝類, 腕足類, ウニ, 魚類, カニ |
| 南津軽郡平賀町尾崎 | 新第三紀 | 貝類, 腕足類, ウニ, 魚類, カニ |
| 黒石市大川原 | 新第三紀 | 貝類, 腕足類, 魚類, フジツボ |
| 弘前市東目屋久国吉 | 新第三紀 | 貝類, 腕足類, ウニ |
| 三戸郡名川町剣吉 | 新第三紀 | 貝類 |

付録2 全国の主な化石産地・産出化石

| | | |
|---|---|---|
| 下北郡東通村尻屋崎 | 第四紀 | 哺乳類 |

## 岩手県

| | | |
|---|---|---|
| 気仙郡住田町下有住奥火の土 | シルル紀 | サンゴ |
| 大船渡市日頃市町樋口沢 | シルル紀 | サンゴ, 腕足類, 三葉虫 |
| | デボン紀 | 三葉虫, 直角石, 貝類, サンゴ, 魚類 |
| 東磐井郡東山町鳶が森, 夏山, 横沢, 粘土山 | デボン紀 | 腕足類, 貝類, 植物, 蘚虫, サンゴ, ウミユリ, 三葉虫, アンモナイト |
| 大船渡市日頃市町大森 | デボン紀 | サンゴ, 腕足類, 三葉虫 |
| 大船渡市日頃市町樋口沢 | 石炭紀 | サンゴ, 三葉虫, 貝類, 腕足類, 蘚虫 |
| 大船渡市日頃市町大森, 鬼丸, 長安寺 | 石炭紀 | サンゴ, 腕足類, 三葉虫, 蘚虫 |
| 気仙郡住田町犬頭山 | 石炭紀 | サンゴ |
| 気仙郡住田町下有住, 柏里 | 石炭紀 | 腕足類, サンゴ, ウミユリ, 貝類, 三葉虫, 蘚虫, アンモナイト |
| 陸前高田市雪沢 | 石炭紀 | サンゴ, 三葉虫 |
| 陸前高田市大平山東方, 小坪の沢 | 石炭紀 | サンゴ, 三葉虫, 腕足類, ウミユリ, 貝類, 蘚虫 |
| 気仙郡住田町叶倉山 | ペルム紀 | フズリナ, 腕足類, 貝類, アンモナイト |
| 陸前高田市飯森 | ペルム紀 | サンゴ, 三葉虫, 腕足類, 貝類 |
| 久慈市門の沢, 大芦, 日陰 | 白亜紀 | 植物 |
| 久慈市滝の沢, 大畑, 国丹 | 白亜紀 | アンモナイト, 貝類, 植物 |
| 下閉伊郡田野畑村羅賀, 平井賀, ハイペ, 明戸 | 白亜紀 | アンモナイト, ウニ, 貝類, サンゴ, 有孔虫, ウミユリ, ベレムナイト |
| 下閉伊郡岩泉町小本茂師 | 白亜紀 | アンモナイト, ウニ, 貝類, サンゴ |
| 二戸市湯田, 大萩野, 繁 | 新第三紀 | 貝類, 腕足類, ウニ, 魚類, 植物 |
| 二戸郡一戸町楢山 | 新第三紀 | 貝類, 腕足類, ウニ, 魚類, 植物 |
| 二戸郡安代町田山 | 新第三紀 | 植物 |
| 岩手郡雫石町舛沢, 御所 | 新第三紀 | 植物 |
| 北上市和賀町横川目, 菱内, 仙人, 本畑, 夏油 | 新第三紀 | 貝類, 魚類, 植物 |
| 和賀郡湯田町柳沢, 細内, 野の宿 | 新第三紀 | 植物 |
| 和賀郡湯田町湯本, 川尻 | 新第三紀 | 貝類 |
| 江刺市岩谷堂人首川河床 | 新第三紀 | 貝類 |
| 一関市下黒沢, 鈎山 | 新第三紀 | 貝類 |
| 西磐井郡花泉町油島 | 新第三紀 | 貝類 |
| 西磐井郡平泉町鼠沢 | 新第三紀 | 貝類, サメの歯 |

## 宮城県

| | | |
|---|---|---|
| 気仙沼市上八瀬, 鹿折 | ペルム紀 | 三葉虫, 腕足類, サンゴ, 貝類, 蘚虫, ウニ, フズリナ, ウミユリ |
| 気仙沼市岩井崎 | ペルム紀 | フズリナ, サンゴ, 腕足類, 蘚虫 |
| 登米郡東和町米谷 | ペルム紀 | 貝類, 腕足類, 植物, 三葉虫 |
| 本吉郡本吉町大沢海岸, 日門 | 三畳紀 | アンモナイト, 植物 |
| 本吉郡歌津町館ノ浜, 田浦, 韮の浜, 中在 | 三畳紀 | アンモナイト, 貝類, 腕足類, ウミユリ, 爬虫類 |
| 本吉郡志津川町津の宮, 荒砥, 袖浜 | 三畳紀 | アンモナイト |
| 本吉郡志津川町細浦 | 三畳紀 | 貝類 |
| 桃生郡雄勝町荒 | 三畳紀 | 爬虫類 |
| 牡鹿郡女川町小乗 | 三畳紀 | アンモナイト, 貝類 |
| 石巻市井内 | 三畳紀 | アンモナイト, 貝類, 植物, 爬虫類 |
| 宮城郡利府町利府, 浜田, 赤沼 | 三畳紀 | 貝類, アンモナイト, サメの歯, ウミユリ |
| 気仙沼市大島磯草, 若木浜 | ジュラ紀 | 貝類, アンモナイト |
| 本吉郡唐桑町綱木坂, 夜這道峠, 舞根 | ジュラ紀 | アンモナイト, 貝類, ベレムナイト, 植物 |

| 産地 | 時代 | 産出化石 |
|---|---|---|
| 本吉郡歌津町韮ノ浜, 中在 | ジュラ紀 | アンモナイト, ベレムナイト, 貝類 |
| 桃生郡北上町小戸部沢, 泉沢, 追波 | ジュラ紀 | アンモナイト, 貝類, ベレムナイト, 植物 |
| 牡鹿郡牡鹿町大谷川, 小網倉 | ジュラ紀 | 植物, アンモナイト |
| 石巻市荻の浜, 有田浜, 小積 | ジュラ紀 | アンモナイト, 貝類, 植物 |
| 気仙沼市大島磯草, 長崎 | 白亜紀 | アンモナイト, 貝類, サンゴ |
| 牡鹿郡牡鹿町鮎川南沢, 網地島横根 | 白亜紀 | アンモナイト, 貝類, 腕足類 |
| 石巻市田代島, 三石 | 白亜紀 | アンモナイト, 貝類, 腕足類 |
| 仙台市竜ノ口, 助郷, 綱木, 茂庭, 北赤石, 高田, 七北田, 松森, 秋保町穴戸沢, 湯元, 奥武士 | 新第三紀 | 貝類, 腕足類, ウニ, カニ, 魚類, 哺乳類, 植物, サンゴ |
| 亘理郡亘理町神宮寺 | 新第三紀 | 貝類, サメの歯 |
| 名取市今成 | 新第三紀 | 貝類 |
| 遠田郡涌谷町貝坂, 中野 | 新第三紀 | 貝類, 腕足類, ウニ, サメの歯 |
| 遠田郡田尻町加護峰, 小塩 | 新第三紀 | 貝類, カニ, 植物 |
| 加美郡宮崎町寒風沢 | 新第三紀 | 貝類 |
| 加美郡小野田町筒砂子川 | 新第三紀 | 貝類, 腕足類 |
| 黒川郡大和町大堤, 鶴巣 | 新第三紀 | 貝類, サメの歯, 哺乳類, 腕足類 |
| 塩竈市東塩竈 | 新第三紀 | 貝類, 植物 |
| 宮城郡松島町網尻 | 新第三紀 | 貝類, 植物 |
| 柴田郡川崎町碁石川 | 新第三紀 | 貝類, サメの歯, ウニ, 獣骨 |
| 柴田郡大河原町 | 新第三紀 | 貝類 |
| 柴田郡柴田町入間田 | 新第三紀 | 貝類 |
| 刈田郡七ヶ宿町横川 | 新第三紀 | 植物 |
| 柴田郡村田町村田IC近く | 第四紀 | 珪化木 |

## 秋田県

| 産地 | 時代 | 産出化石 |
|---|---|---|
| 男鹿市鵜の崎, 台島, 小浜, 西黒沢 | 新第三紀 | 貝類, 海綿, サンゴ, ウニ, 植物 |
| 能代市鶴形 | 新第三紀 | 魚類 |
| 山本郡二ツ井町荷揚場 | 新第三紀 | 貝類, ウニ |
| 山本郡藤里町寺沢, 鳥谷場, 茱萸の木 | 新第三紀 | 貝類, ウニ |
| 北秋田郡阿仁町阿仁合, 根子, 荒瀬 | 新第三紀 | 植物, 貝類 |
| 秋田市黒沢, 皿見内, 下新城 | 新第三紀 | 貝類, 腕足類, ウニ |
| 河辺郡河辺町田屋, 岩見三内 | 新第三紀 | 貝類, 腕足類, ウニ |
| 仙北郡西木村上檜木内 | 新第三紀 | 植物, 昆虫 |
| 本荘市万願寺, 土谷, 薬師寺 | 新第三紀 | 貝類, ウニ, 腕足類 |
| 由利郡東由利町須郷田, 田代 | 新第三紀 | 貝類, 腕足類, 海綿, 植物, 珪化木 |
| 雄勝郡羽後町軽井沢 | 新第三紀 | 貝類, 腕足類, 植物 |
| 雄勝郡皆瀬村黒沢川 | 新第三紀 | 植物, 昆虫 |
| 平鹿郡山内村上黒沢, 筏, 南郷 | 新第三紀 | 貝類, 腕足類 |
| 湯沢市高松 | 新第三紀 | 植物, 昆虫 |
| 男鹿市脇本, 田谷沢, 安田海岸 | 第四紀 | 貝類, ウニ, 腕足類, 哺乳類 |
| 北秋田郡鷹巣町摩当, 脇神 | 第四紀 | 植物 |
| 南秋田郡昭和町槻の木 | 第四紀 | 哺乳類 |

## 山形県

| 産地 | 時代 | 産出化石 |
|---|---|---|
| 最上郡金山町主寝坂 | 新第三紀 | 貝類, ウニ, 海綿 |
| 最上郡鮭川村中渡, 段の下, 真木, 羽根沢 | 新第三紀 | 貝類, 腕足類, ウニ |
| 最上郡最上町赤倉温泉 | 新第三紀 | 植物, 昆虫 |
| 最上郡戸沢村野口, 古口 | 新第三紀 | 貝類, ウニ |
| 最上郡大蔵村滝の沢 | 新第三紀 | 貝類, ウニ |

| 産地 | 時代 | 化石 |
|---|---|---|
| 新庄市前波, 本合海 | 新第三紀 | 貝類, 腕足類, ウニ |
| 飽海郡平田町丸山 | 新第三紀 | 貝類 |
| 飽海郡八幡町升田 | 新第三紀 | 貝類 |
| 尾花沢市銀山温泉 | 新第三紀 | 貝類 |
| 西村山郡朝日町大谷 | 新第三紀 | 貝類, ウニ |
| 西村山郡大江町三郷 | 新第三紀 | 貝類, ウニ |
| 西村山郡大江町左沢 | 新第三紀 | 植物 |
| 西村山郡西川町大井沢 | 新第三紀 | 貝類, 植物, 有孔虫 |
| 東田川郡朝日村田麦俣 | 新第三紀 | 貝類 |
| 西田川郡温海町田川炭鉱, 安土 | 新第三紀 | 貝類, 植物, 魚類 |
| 鶴岡市草井谷, 油戸 | 新第三紀 | 植物 |
| 西置賜郡飯豊町高峯, 手の子沢 | 新第三紀 | 植物 |
| 西置賜郡飯豊町宇津峠 | 新第三紀 | 貝類 |
| 西置賜郡小国町沖庭, 台地 | 新第三紀 | 植物 |
| 東置賜郡高畠町上和田 | 新第三紀 | 植物, 昆虫 |

## 福島県

| 産地 | 時代 | 化石 |
|---|---|---|
| 相馬郡鹿島町上栃窪 | デボン紀 | 腕足類 |
| いわき市高倉山 | ペルム紀 | 三葉虫, フズリナ, サンゴ, 腕足類, 植物, 貝類 |
| 相馬市富沢 | ジュラ紀 | アンモナイト, 貝類, サンゴ, サメの歯 |
| 相馬郡鹿島町皆原, 安倉沢, 小池 | ジュラ紀 | アンモナイト, 貝類, サンゴ, サメの歯 |
| 双葉郡広野町二本榎, 北沢, 南沢 | 白亜紀 | アンモナイト, 貝類, サメの歯, 腕足類 |
| いわき市足沢, 入間沢 | 白亜紀 | アンモナイト, 貝類, サメの歯, 爬虫類 |
| いわき市小山田, 黒田, 白岩, 前原 | 古第三紀 | 貝類 |
| 双葉郡広野町館, 土ヶ目木, 下北迫 | 古第三紀 | 貝類 |
| 双葉郡楢葉町木戸, 小塙作 | 古第三紀 | 貝類 |
| 伊達郡桑折町半田 | 新第三紀 | 植物 |
| 双葉郡浪江町小野田, 高倉 | 新第三紀 | 貝類 |
| 双葉郡楢葉町立石 | 新第三紀 | 貝類 |
| 双葉郡広野町二つ沼 | 新第三紀 | 貝類, サメの歯 |
| 双葉郡富岡町小良ヶ浜 | 新第三紀 | 貝類, サメの歯, 獣骨 |
| いわき市常磐藤原町 | 新第三紀 | 貝類, 植物 |
| いわき市小野, 小山 | 新第三紀 | 貝類, 植物, 哺乳類 |
| 東白川郡棚倉町豊岡, 岡田, 上豊 | 新第三紀 | 貝類, 腕足類, フジツボ, サメの歯 |
| 東白川郡矢祭町打川, 小坂 | 新第三紀 | 植物 |
| 東白川郡塙町西河内 | 新第三紀 | 貝類 |
| 岩瀬郡岩瀬村守屋 | 新第三紀 | 貝類, ウニ, 植物, サメの歯 |
| 郡山市河内 | 新第三紀 | 貝類, ウニ, 植物, サメの歯 |
| 白河市常豊 | 新第三紀 | 貝類, 腕足類 |
| 西白河郡西郷村西郷 | 新第三紀 | 貝類, 腕足類 |
| 耶麻郡北塩原村新田 | 新第三紀 | 貝類, 腕足類, フジツボ, ウニ |
| 耶麻郡高郷村塩坪 | 新第三紀 | 貝類, 植物 |
| 耶麻郡山都町白子, 洲谷 | 新第三紀 | 植物 |
| 河沼郡会津坂下町真木, 長井, 大沼 | 新第三紀 | 植物 |
| 河沼郡柳津町藤峠 | 新第三紀 | 貝類, 植物 |
| 喜多方市上三宮 | 新第三紀 | 貝類, 植物 |
| 相馬郡小高町塚原 | 第四紀 | 貝類 |

## 茨城県

| 産地 | 時代 | 化石 |
|---|---|---|
| 日立市杉本 | 石炭紀 | サンゴ, 腕足類 |

| | | |
|---|---|---|
| ひたちなか市平磯, 磯谷 | 白亜紀 | アンモナイト, 貝類, ウニ, サメの歯 |
| 東茨城郡大洗町祝町 | 白亜紀 | 植物 |
| 北茨城市中郷町松井, 石打場, 関本町 | 古第三紀 | 貝類, ウニ, 腕足類, 蘚虫 |
| 高萩市上手網, 南中郷 | 古第三紀 | 貝類 |
| 北茨城市平潟町長浜, 大津町五浦, 華川町臼場 | 新第三紀 | 貝類, ウニ, サメの歯, カニ |
| 日立市浜の宮, 鶴首岬, 初崎 | 新第三紀 | 貝類, ウニ, 腕足類, 蘚虫, サメの歯 |
| 久慈郡大子町上金沢, 大草, 近町 | 新第三紀 | 植物 |
| 久慈郡大子町浅川, 芦野倉, 戸中 | 新第三紀 | 貝類 |
| 久慈郡金砂郷町大平 | 新第三紀 | 貝類, ウニ |
| 那珂郡瓜連町玉川 | 新第三紀 | 貝類 |
| 那珂郡山方町照田, 櫃沢 | 新第三紀 | 植物 |
| 那珂郡山方町釜額 | 新第三紀 | 貝類 |
| 那珂郡大宮町世喜 | 新第三紀 | サメの歯 |
| 那珂郡那珂町木崎 | 新第三紀 | サメの歯 |
| 常陸太田市西山公園 | 新第三紀 | 貝類, サメの歯, 植物 |
| 水戸市赤塚 | 第四紀 | 貝類 |
| 行方郡玉造町手賀 | 第四紀 | 貝類, ウニ |
| 行方郡北浦町山田 | 第四紀 | 貝類, 植物, 哺乳類 |
| 稲敷郡阿見町島津 | 第四紀 | 貝類, ウニ, フジツボ |
| 稲敷郡美浦村古屋, 馬掛 | 第四紀 | 貝類 |
| 筑波郡伊奈町城中 | 第四紀 | 貝類, ウニ |
| 水海道市玉台橋, 滝下橋 | 第四紀 | 貝類 |
| 鹿嶋市奈良毛 | 第四紀 | 貝類, 植物 |

## 栃木県

| | | |
|---|---|---|
| 安蘇郡葛生町鍋山, 門の沢, 唐沢, 山菅 | ペルム紀 | フズリナ, 腕足類, ウミユリ |
| 那須郡塩原町鹿股沢, 関谷, 大久保, 熊の平 | 新第三紀 | 貝類, 腕足類, サンゴ, ウニ, サメの歯, 植物 |
| 那須郡馬頭町下郷 | 新第三紀 | 貝類, ウニ |
| 那須郡小川町吉田 | 新第三紀 | 貝類, ウニ |
| 矢板市高塩, 幸岡 | 新第三紀 | 貝類, 腕足類, サメの歯, 植物 |
| 宇都宮市大曽八幡山 | 新第三紀 | 貝類, 植物, ウニ |
| 芳賀郡市貝町続谷, 塩田 | 新第三紀 | 貝類, ウニ |
| 那須郡塩原町上塩原 | 第四紀 | 植物, 昆虫, 魚類, 両生類 |
| 矢板市赤滝 | 第四紀 | 植物 |
| 芳賀郡益子町道祖土 | 第四紀 | 植物 |

## 群馬県

| | | |
|---|---|---|
| 桐生市蛇留淵 | ペルム紀 | 三葉虫 |
| 勢多郡黒保根村八木原, 高楢 | ペルム紀 | 貝類, 腕足類, サンゴ, ウミユリ, フズリナ |
| 多野郡中里村叶山 | ペルム紀 | フズリナ |
| 利根郡水上町利根川上流裏越後沢 | 三畳紀 | 貝類 |
| 多野郡上野村塩の沢 | 三畳紀 | 貝類 |
| 利根郡白沢村岩室 | ジュラ紀 | 植物 |
| 多野郡中里村瀬林, 八幡沢, 間物沢 | 白亜紀 | アンモナイト, 貝類, ウニ, 植物 |
| 多野郡上野村白井, 坂下 | 白亜紀 | アンモナイト, 貝類, 腕足類 |
| 吾妻郡中之条町折田 | 新第三紀 | 魚類, 貝類, 甲殻類, 植物 |
| 高崎市観音山, 姥山 | 新第三紀 | 貝類, 植物 |
| 安中市宮ノ入, 笹原, 下笹間, 水境 | 新第三紀 | 貝類, 植物 |
| 富岡市桑原 | 新第三紀 | 貝類, 植物 |

付録 2 全国の主な化石産地・産出化石

| 産地 | 時代 | 産出化石 |
|---|---|---|
| 甘楽郡南牧村兜岩 | 新第三紀 | 植物, 昆虫, 両生類 |
| 甘楽郡下仁田町白井平, 高立 | 新第三紀 | 貝類 |
| 碓氷郡松井田町坂本 | 新第三紀 | 貝類, サメの歯 |
| 多野郡吉井町花表 | 新第三紀 | 貝類, 植物 |
| 沼田市薄根川 | 第四紀 | 植物, 貝類 |

## 埼玉県

| 産地 | 時代 | 産出化石 |
|---|---|---|
| 秩父郡小鹿野町二子山 | 石炭紀 | フズリナ |
| 飯能市吾野, 下久通 | ペルム紀 | フズリナ, サンゴ, ウミユリ, 石灰藻 |
| 秩父郡大滝村バラクチ尾根 | ジュラ紀 | 層孔虫, サンゴ |
| 秩父郡小鹿野町坂本, 日影沢, 奇妙沢 | 白亜紀 | アンモナイト, 貝類, ウニ, 蘚虫 |
| 秩父郡小鹿野町ようばけ | 新第三紀 | 貝類, サメの歯, ウニ, カニ, 魚類, 哺乳類, 植物 |
| 秩父郡吉田町上吉田 | 新第三紀 | 貝類, サメの歯, ウニ, カニ, 魚類, 哺乳類 |
| 秩父郡皆野町野巻, 前原 | 新第三紀 | 貝類, サメの歯, ウニ, カニ, 魚類, 哺乳類 |
| 秩父郡両神村小森 | 新第三紀 | 貝類, サメの歯, ウニ, カニ, 魚類, 哺乳類 |
| 秩父郡横瀬町上横瀬 | 新第三紀 | 貝類, サンゴ, 有孔虫, 石灰藻 |
| 秩父郡荒川村中川 | 新第三紀 | 貝類, サンゴ, 有孔虫, 石灰藻 |
| 秩父市大野原, 木毛 | 新第三紀 | 貝類, サメの歯, カニ, サンゴ, 有孔虫, 石灰藻 |
| 大里郡寄居町小前田, 立ヶ瀬, 小園 | 新第三紀 | 貝類 |
| 比企郡小川町笠原, 靭負, 飯田 | 新第三紀 | 貝類, 植物 |
| 比企郡嵐山町大蔵, 鎌杉 | 新第三紀 | 貝類, 植物, サンゴ, サメの歯 |
| 東松山市葛袋, 神戸 | 新第三紀 | 貝類, サンゴ, サメの歯, 石灰藻, 植物 |
| 入間市仏子 | 新第三紀 | 植物, 貝類, 哺乳類 |

## 千葉県

| 産地 | 時代 | 産出化石 |
|---|---|---|
| 銚子市愛宕山高神 | ペルム紀 | サンゴ, 層孔虫, 腕足類, ウミユリ |
| 銚子市外川, 犬吠崎, 海鹿島 | 白亜紀 | アンモナイト, 貝類, 植物 |
| 安房郡鋸南町奥元名, 元名 | 新第三紀 | 貝類, サンゴ, サメの歯, ウニ, 哺乳類 |
| 富津市不動岩 | 新第三紀 | 貝類, サンゴ, サメの歯, ウニ |
| 銚子市長崎町長崎鼻 | 新第三紀 | 貝類, 腕足類, サンゴ, サメの歯, 哺乳類, 魚類 |
| 君津市小櫃川 | 新第三紀 | 貝類, 腕足類, サンゴ, ウニ, フジツボ |
| 銚子市椎柴, 常世田 | 第四紀 | 貝類, 腕足類 |
| 香取郡下総町猿山 | 第四紀 | 貝類, 腕足類, 哺乳類 |
| 香取郡大栄町前林, 奈土, 中野 | 第四紀 | 貝類, サメの歯, 腕足類, 哺乳類 |
| 香取郡多古町多古, 割田, 林 | 第四紀 | 貝類, 腕足類, 哺乳類 |
| 千葉市花見川区横戸花見川河岸 | 第四紀 | 貝類, カニ, ウニ, 蘚虫 |
| 東葛飾郡沼南町布瀬 | 第四紀 | 貝類, ウニ |
| 八日市場市八日市場, 中貫 | 第四紀 | 貝類 |
| 匝瑳郡野栄町篠本, 新井 | 第四紀 | 貝類 |
| 市原市瀬又, 万田野 | 第四紀 | 貝類, サンゴ, ウニ, 哺乳類 |
| 茂原市阿久川鉄橋下流 | 第四紀 | 貝類 |
| 夷隅郡岬町太東崎 | 第四紀 | 貝類 |
| 君津市市宿, 鎌滝, 追込 | 第四紀 | サメの歯, 鰭脚類, 貝類, サンゴ, ヒトデ, ゾウ |
| 木更津市桜井, 祇園, 太田山, 真里谷, 地蔵堂 | 第四紀 | 貝類, サンゴ, 腕足類, ウニ, カニ, サメの歯 |
| 袖ヶ浦市上泉 | 第四紀 | サメの歯 |
| 印西市木下 | 第四紀 | 貝類, 腕足類, サンゴ, ウニ, フジツボ |
| 印旛郡印旛村吉高大竹 | 第四紀 | 貝類, サンゴ, 腕足類, ウニ, カニ, フジツボ |
| 富津市長浜, 宝竜寺 | 第四紀 | 貝類, サメの歯 |
| 館山市沼, 香谷, 平久里川 | 第四紀 | 貝類, サンゴ, サメの歯 |

## 東京都

| | | |
|---|---|---|
| あきる野市三ツ沢 | 石炭紀 | 腕足類, 蘚虫, 貝類, サンゴ, ウミユリ |
| 青梅市柚木, 成木, 小曽木 | ペルム紀 | フズリナ, ウミユリ, 蘚虫, サンゴ, 石灰藻 |
| 青梅市二俣尾 | 三畳紀 | アンモナイト, 蘚虫, 貝類 |
| 西多摩郡日の出町岩井 | 三畳紀 | アンモナイト, 蘚虫, 貝類 |
| あきる野市深沢, 樽 | ジュラ紀 | サンゴ, ウニ, 層孔虫, 海綿 |
| 小笠原村母島御幸之浜 | 古第三紀 | 有孔虫 |
| あきる野市館谷, 天王沢 | 新第三紀 | 貝類, ウニ, 植物, カニ |

## 神奈川県

| | | |
|---|---|---|
| 横浜市金沢区柴 | 新第三紀 | 貝類, 腕足類, ウニ |
| 川崎市多摩区登戸, 飯室 | 新第三紀 | 貝類, 植物, 哺乳類 |
| 南足柄市地蔵堂, はまぐり沢 | 新第三紀 | 貝類 |
| 足柄上郡山北町塩沢, 谷峨 | 新第三紀 | 貝類 |
| 足柄下郡箱根町須雲川, 二ノ戸口 | 新第三紀 | 貝類 |
| 中郡大磯町西小磯 | 新第三紀 | 貝類 |
| 愛甲郡清川村中津渓谷大沢滝, 落合 | 新第三紀 | 貝類, 有孔虫, 石灰藻 |
| 愛甲郡愛川町小沢 | 新第三紀 | 貝類 |
| 相模原市当麻 | 新第三紀 | 貝類 |
| 逗子市鐙摺, 桜山 | 新第三紀 | 貝類, サンゴ, サメの歯 |
| 横須賀市津久井 | 第四紀 | サメの歯, 貝類, 腕足類 |
| 横浜市戸塚区長沼 | 第四紀 | 貝類 |
| 横浜市港北区菊名町, 新羽町 | 第四紀 | 貝類, フジツボ, 哺乳類 |
| 三浦市上宮田 | 第四紀 | サメの歯, 貝類, 腕足類 |
| 中郡二宮町貝が窪, 中里 | 第四紀 | 貝類 |
| 中郡大磯町虫窪 | 第四紀 | 貝類 |

## 山梨県

| | | |
|---|---|---|
| 北都留郡丹波山村青岩谷, 小袖 | ジュラ紀 | サンゴ, 層孔虫, 石灰藻 |
| 北都留郡上野原町八ツ沢, 鶴島 | 新第三紀 | 貝類, サンゴ, カニ, サメの歯 |
| 南都留郡西桂町古屋, 倉見 | 新第三紀 | 貝類, ウニ, サンゴ, サメの歯, 哺乳類, 植物 |
| 南都留郡秋山村桜井 | 新第三紀 | 有孔虫, サンゴ, 石灰藻 |
| 南都留郡河口湖町大石久保井 | 新第三紀 | 有孔虫, サンゴ, 石灰藻, 蘚虫 |
| 南巨摩郡鰍沢町十谷 | 新第三紀 | 植物, 貝類 |
| 南巨摩郡中富町遅沢, 夜子沢, 手打沢 | 新第三紀 | 貝類, サンゴ, ウニ |
| 南巨摩郡南部町中野, 北原 | 新第三紀 | 貝類 |
| 大月市中初狩, 猿橋蛇骨沢, 林鳳山 | 新第三紀 | 貝類, カニ, サンゴ, サメの歯, 有孔虫, 石灰藻 |
| 北巨摩郡白州町教来石 | 第四紀 | 植物 |
| 北巨摩郡須玉町若神子新町 | 第四紀 | 植物 |

## 新潟県

| | | |
|---|---|---|
| 西頸城郡青海町電化工業 | 石炭紀・ペルム紀 | フズリナ, 腕足類, 三葉虫, サンゴ, ウミユリ, ゴニアタイト, 蘚虫, 貝類 |
| 糸魚川市明星山 | 石炭紀・ペルム紀 | フズリナ, サンゴ, 腕足類, 蘚虫 |
| 西頸城郡青海町上路しな谷 | ジュラ紀 | 植物 |
| 糸魚川市小滝 | ジュラ紀 | 植物 |
| 岩船郡朝日村黒田, 大須戸, 釜杭 | 新第三紀 | 貝類, 植物 |
| 岩船郡山北町雷 | 新第三紀 | 植物 |

付録 2 全国の主な化石産地・産出化石

| 産地 | 地質時代 | 産出化石 |
|---|---|---|
| 東蒲原郡三川村新谷川上流 | 新第三紀 | 植物 |
| 東蒲原郡鹿瀬町鹿瀬 | 新第三紀 | 貝類 |
| 東蒲原郡上川村観音沢 | 新第三紀 | 植物 |
| 北蒲原郡笹神村魚岩 | 新第三紀 | 魚類 |
| 加茂市茗ヶ谷 | 新第三紀 | 貝類 |
| 栃尾市半蔵金 | 新第三紀 | 貝類 |
| 長岡市東山貝殻沢 | 新第三紀 | 貝類 |
| 小千谷市七滝 | 新第三紀 | 貝類, ウニ |
| 三島郡出雲崎町久田, 上小木, 中永峠 | 新第三紀 | 貝類, 石灰藻, ウニ, 腕足類, 蘚虫 |
| 刈羽郡西山町灰爪 | 新第三紀 | 貝類, 石灰藻, ウニ, 腕足類, 蘚虫 |
| 柏崎市夏川谷 | 新第三紀 | 貝類, 石灰藻, ウニ, 腕足類, 蘚虫 |
| 佐渡郡佐和田町沢根 | 新第三紀 | 腕足類, 貝類, ウニ |
| 佐渡郡相川町関 | 新第三紀 | 植物, 昆虫, 魚類 |
| 佐渡郡真野町西三川 | 新第三紀 | 貝類, ウニ, 石灰藻 |
| 上越市有間川 | 新第三紀 | 貝類, サメの歯 |
| 西頸城郡名立町名立信号所付近, 大菅 | 新第三紀 | 貝類 |

## 富山県

| 産地 | 地質時代 | 産出化石 |
|---|---|---|
| 下新川郡朝日町大平川（寝入谷, 寺谷） | ジュラ紀 | アンモナイト, 腕足類, 貝類 |
| 上新川郡大山町有峰, 東坂森谷, 真川 | ジュラ紀 | 貝類, アンモナイト, 植物 |
| 婦負郡八尾町桐谷 | ジュラ紀 | 貝類, アンモナイト, ベレムナイト |
| 中新川郡上市町千石 | 白亜紀 | 植物 |
| 婦負郡細入村猪の谷, 町長 | 白亜紀 | 植物 |
| 上新川郡大沢野町葛原, 土, 春日, 船倉 | 新第三紀 | サメの歯, 貝類, 植物 |
| 高岡市頭川, 笹岡口, 石堤 | 新第三紀 | サメの歯, 貝類, 腕足類 |
| 婦負郡八尾町深谷, 柚ノ木, 聞妙寺, 東坂下 | 新第三紀 | 貝類, 腕足類, 魚類 |
| 氷見市朝日山 | 新第三紀 | 貝類, 腕足類, ウニ |
| 小矢部市田川 | 新第三紀 | 貝類 |
| 西礪波郡福光町法林寺 | 新第三紀 | 貝類 |
| 射水郡小杉町目の宮, 青井谷 | 第四紀 | 植物 |

## 石川県

| 産地 | 地質時代 | 産出化石 |
|---|---|---|
| 石川郡尾口村尾添, 瀬戸 | 白亜紀 | 貝類, 植物 |
| 石川郡白峰村桑島, 谷峠 | 白亜紀 | 植物, 昆虫 |
| 珠洲市高屋, 木ノ浦, 狼煙 | 新第三紀 | 植物, 魚類, 昆虫 |
| 珠洲市馬緤, 藤尾, 大谷 | 新第三紀 | 貝類, サンゴ |
| 輪島市町野町徳成, 東印内 | 新第三紀 | 貝類, サンゴ, 有孔虫 |
| 輪島市塚田, 細屋, 輪島崎, 里 | 新第三紀 | 貝類, 腕足類, サメの歯, ウニ, 珪化木, 海綿 |
| 鹿島郡中島町上町, 上山田 | 新第三紀 | 植物 |
| 鹿島郡能登島町半ノ浦 | 新第三紀 | 貝類, 腕足類, サメの歯, ウニ |
| 七尾市庵, 岩屋, 湯川, 栢戸, 松尾, 崎山 | 新第三紀 | 貝類, 腕足類, サメの歯, ウニ |
| 鳳至郡穴水町前波 | 新第三紀 | サメの歯 |
| 羽咋郡志賀町火打谷, 徳田 | 新第三紀 | 貝類, 海綿, サメの歯, 蘚虫 |
| 羽咋郡富来町関野鼻 | 新第三紀 | 貝類, サメの歯, ウニ, フジツボ |
| 金沢市角間, 浅川, 長江谷, 東市瀬 | 新第三紀 | 貝類, サメの歯, ウニ |
| 金沢市俣町奥新保 | 新第三紀 | 植物 |
| 加賀市河南, 桂谷, 大聖寺, 直下 | 新第三紀 | 貝類, カニ, 植物 |
| 珠洲市平床, 正院 | 第四紀 | 貝類, ウニ |
| 金沢市大桑町, 卯辰山, 茅山 | 第四紀 | 植物, 哺乳類, ウニ, フジツボ, 貝類, 獣骨 |

## 長野県

| | | |
|---|---|---|
| 南安曇郡安曇村白骨 | ペルム紀 | フズリナ, サンゴ, ウミユリ, 貝類 |
| 木曽郡日義村砂ヶ瀬 | ペルム紀 | ウミユリ |
| 木曽郡大桑村野尻 | ペルム紀 | フズリナ |
| 北安曇郡小谷村来馬, 土沢 | ジュラ紀 | 植物, 貝類 |
| 大町市北村カラ沢 | ジュラ紀 | 植物 |
| 南佐久郡佐久町石堂 | 白亜紀 | 貝類, アンモナイト, ウニ |
| 上伊那郡長谷村戸台 | 白亜紀 | アンモナイト, 貝類 |
| 上水内郡鬼無里村十二平, 押切 | 新第三紀 | 貝類, ウニ, 腕足類, 蘚虫 |
| 上水内郡小川村下市場, 日影, 小根山 | 新第三紀 | 貝類, ウニ, サメの歯 |
| 上水内郡戸隠村下祖山, 坪山, 下楡木, 積沢 | 新第三紀 | 貝類, ウニ, 腕足類, 蘚虫 |
| 上水内郡信州新町長者山, 中尾 | 新第三紀 | 貝類, ウニ |
| 上水内郡中条村栄, 下五十里, 大畠 | 新第三紀 | 貝類, ウニ |
| 北安曇郡小谷村雨中, 石原, 千国 | 新第三紀 | 貝類, 腕足類, ウニ |
| 北安曇郡美麻村不須, 竹の川 | 新第三紀 | 貝類, ウニ |
| 南安曇郡豊科町上川手, 中川手 | 新第三紀 | 貝類, サメの歯 |
| 長野市坂中, 清水, 浅川, 深沢 | 新第三紀 | 貝類, ウニ, サメの歯 |
| 上田市別所, 伊勢山 | 新第三紀 | 魚類, 植物, 貝類 |
| 佐久市駒込, 肬水, 八重久保 | 新第三紀 | 貝類, ウニ, 腕足類, ヒトデ |
| 佐久市内山大月 | 新第三紀 | 植物, 昆虫, 両生類 |
| 南佐久郡臼田町兜岩 | 新第三紀 | 植物, 昆虫, 両生類 |
| 南佐久郡北相木村川又, 雪瀬 | 新第三紀 | 植物, 貝類 |
| 飯田市千代 | 新第三紀 | 植物, 貝類, ウニ, カニ, フジツボ |
| 東筑摩郡麻績村坊平 | 新第三紀 | 植物 |
| 東筑摩郡四賀村反町, 赤怒田, 穴沢 | 新第三紀 | 貝類, 魚類 |
| 東筑摩郡生坂村大地 | 新第三紀 | 貝類 |
| 東筑摩郡明科町八代沢, 長谷久保, 大足 | 新第三紀 | 貝類, 魚類 |
| 更級郡大岡村樺内 | 新第三紀 | 植物 |
| 小県郡青木村修那羅山 | 新第三紀 | 植物, 貝類 |
| 諏訪市後山 | 新第三紀 | 植物, 貝類 |
| 上伊那郡高遠町片倉 | 新第三紀 | 植物, 貝類 |
| 下伊那郡阿南町恩沢, 深見, 浅野, 新野峠, 丸山 | 新第三紀 | サメの歯, 貝類, 腕足類, 哺乳類, ウニ, 植物 |
| 上水内郡信濃町野尻湖 | 第四紀 | 哺乳類, 植物 |
| 上水内郡豊野町観音山 | 第四紀 | 貝類 |
| 下伊那郡豊丘村堀越, 源道池 | 第四紀 | 植物 |

## 岐阜県

| | | |
|---|---|---|
| 吉城郡上宝村福地 | オルドビス紀〜ペルム紀 | 床板サンゴ, 三葉虫, フズリナ, 腕足類, ウミユリ, 海綿, 石灰藻, 貝類 |
| 吉城郡上宝村一重ヶ根 | シルル紀 | サンゴ, 三葉虫, 腕足類 |
| 大野郡清見村楢谷 | デボン紀 | サンゴ, 層孔虫 |
| 吉城郡上宝村平湯峠 | ペルム紀 | フズリナ |
| 大野郡丹生川村日面 | ペルム紀 | フズリナ, ウミユリ |
| 山県郡美山町舟伏山 | ペルム紀 | サンゴ, 貝類, 三葉虫, フズリナ |
| 本巣郡根尾村東谷, 胡桃橋下流右岸 | ペルム紀 | サンゴ, 貝類, 三葉虫, フズリナ |
| 郡上郡八幡町安久田 | ペルム紀 | 腕足類, 三葉虫 |
| 大垣市赤坂町金生山 | ペルム紀 | フズリナ, ウミユリ, 貝類, 三葉虫, 石灰藻, ウニ, 腕足類, サンゴ, 海綿, サメの歯, 植物 |

付録 2 全国の主な化石産地・産出化石

付録 2 全国の主な化石産地・産出化石

| 産地 | 時代 | 化石 |
|---|---|---|
| 揖斐郡大野町石山 | ペルム紀 | フズリナ |
| 揖斐郡春日村茗荷谷 | 三畳紀 | 貝類 |
| 大野郡荘川村牧戸, 御手洗 | ジュラ紀 | 貝類, アンモナイト, 植物, 魚類, 爬虫類 |
| 吉城郡神岡町茂住, 和佐府 | 白亜紀 | 植物 |
| 大野郡荘川村尾上郷, 大黒谷 | 白亜紀 | 植物, 貝類 |
| 郡上郡白鳥町那留, 中津屋 | 白亜紀 | 植物 |
| 郡上郡白鳥町阿多岐 | 新第三紀 | 植物 |
| 瑞浪市松ヶ瀬町土岐川河床 | 新第三紀 | 貝類, サメの歯, 植物, 哺乳類 |
| 瑞浪市明世町山野内, 戸狩 | 新第三紀 | 哺乳類, サメの歯, 貝類 |
| 瑞浪市土岐町奥名, 市原, 桜堂, 名滝 | 新第三紀 | サメの歯, 貝類 |
| 瑞浪市釜戸町荻の島, 薬師町 | 新第三紀 | サメの歯, 魚, 貝類, 植物, カニ |
| 瑞浪市日吉町菅沼, 宿洞, 本郷 | 新第三紀 | 貝類 |
| 土岐市隠居山, 定林寺, 清水 | 新第三紀 | 哺乳類, サメの歯, 貝類, 腕足類, ウニ |
| 土岐市泉町大富, 穴洞, 肥田町中肥田 | 新第三紀 | 魚類 |
| 美濃加茂市下米田町 | 新第三紀 | 哺乳類 |
| 可児郡御嵩町番上洞, 中切 | 新第三紀 | 植物, 哺乳類 |
| 可児市羽崎, 山崎, 吹ヶ洞 | 新第三紀 | 魚類, 植物, 哺乳類 |
| 恵那郡山岡町 | 新第三紀 | 植物 |
| 恵那郡岩村町遠山, 上切 | 新第三紀 | 貝類, 植物 |
| 養老郡上石津町須城谷 | 第四紀 | 哺乳類 |

## 福井県

| 産地 | 時代 | 化石 |
|---|---|---|
| 大野郡和泉村白馬洞 | シルル紀 | 三葉虫, 腕足類, サンゴ |
| 大野郡和泉村上伊勢, 小椋谷 | デボン紀 | 三葉虫, サンゴ, 腕足類, ウミユリ, 貝類 |
| 敦賀市敦賀セメント | ペルム紀 | フズリナ, サンゴ |
| 小浜市下根来 | ペルム紀 | フズリナ, サンゴ |
| 大飯郡高浜町難波江 | 三畳紀 | 貝類, アンモナイト, 腕足類, ウミユリ |
| 大野郡和泉村下山, 長野, 貝皿 | ジュラ紀 | アンモナイト, ベレムナイト, 貝類, 植物 |
| 足羽郡美山町小和清水, 小宇坂, 皿谷 | ジュラ紀 | 植物, 爬虫類 |
| 今立郡池田町志津原, 皿尾 | 白亜紀 | 植物 |
| 勝山市北谷町中野俣杉山川 | 白亜紀 | 爬虫類 |
| 坂井郡金津町下金屋, 青の木 | 新第三紀 | 貝類, ウニ, 魚類 |
| 丹生郡清水町出村 | 新第三紀 | 植物, 昆虫, 魚類 |
| 丹生郡朝日町上糸生 | 新第三紀 | 植物, 昆虫, 魚類 |
| 福井市鮎川町, 白浜, 柿谷 | 新第三紀 | 貝類, カニ, 植物 |
| 福井市深谷, 下市, 国見 | 新第三紀 | 植物 |
| 勝山市野向町牛ヶ谷 | 新第三紀 | 植物, 昆虫 |
| 大飯郡高浜町名島, 山中, 鎌倉 | 新第三紀 | サメの歯, 哺乳類, 貝類, カニ |

## 静岡県

| 産地 | 時代 | 化石 |
|---|---|---|
| 周智郡春野町長沢 | ジュラ紀 | サンゴ, 層孔虫, 石灰藻 |
| 島田市相賀 | 古～新第三紀 | 貝類, ウニ |
| 田方郡中伊豆町白岩 | 新第三紀 | 貝類, サンゴ, 有孔虫 |
| 田方郡大仁町大野 | 新第三紀 | 貝類, サンゴ, 有孔虫 |
| 賀茂郡河津町梨本 | 新第三紀 | 魚類, 有孔虫 |
| 賀茂郡西伊豆町白川 | 新第三紀 | 魚類, 有孔虫 |
| 庵原郡蒲原町城山 | 新第三紀 | 貝類, ウニ |
| 静岡市足久保, 矢沢 | 新第三紀 | 貝類 |
| 榛原郡相良町蛭ヶ谷, 女神山, 男神山 | 新第三紀 | 貝類, 海綿, 有孔虫, サンゴ, 石灰藻 |
| 掛川市方の橋, 結縁寺, 観音寺 | 新第三紀 | サメの歯, 貝類 |

| | | | |
|---|---|---|---|
| 袋井市宇刈, 大日 | 新第三紀 | 貝類 | |
| 下田市白浜, 板見 | 新第三紀 | 貝類, 腕足類, ウニ, 蘚虫, サメの歯 | |
| 静岡市根古屋, 南矢部 | 第四紀 | 貝類, 魚類 | |
| 磐田郡豊岡村合代島 | 第四紀 | サメの歯 | |

## 愛知県

| | | |
|---|---|---|
| 犬山市善師野 | 新第三紀 | 植物, 珪化木 |
| 瀬戸市赤津町 | 新第三紀 | 植物 |
| 北設楽郡東栄町神野山, 寺甫 | 新第三紀 | 貝類, 腕足類, カニ, 魚類, ウニ |
| 北設楽郡東栄町柴石峠 | 新第三紀 | 植物 |
| 北設楽郡設楽町小松 | 新第三紀 | 貝類, 腕足類, カニ, 魚類, ウニ |
| 南設楽郡鳳来町門谷, 田代, 長篠 | 新第三紀 | 貝類, サンゴ, 魚類, ウニ |
| 新城市有海豊川河岸 | 新第三紀 | 貝類 |
| 知多郡南知多町小佐, 豊浜, 日間賀島 | 新第三紀 | 魚, 貝類, カニ, ウニ |
| 常滑市古場, 大谷 | 新第三紀 | 植物 |
| 幡豆郡一色町佐久島 | 新第三紀 | 貝類, カニ, ウニ, ヒトデ |
| 豊橋市伊古部 | 第四紀 | 植物, 貝類, 魚類 |
| 知多市古見 | 第四紀 | カニ, サメの歯, 貝類, サンゴ |
| 渥美郡赤羽根町高松 | 第四紀 | 貝類, ウニ, フジツボ, サンゴ, カニ |
| 渥美郡田原町久美原 | 第四紀 | 貝類, ウニ |

## 滋賀県

| | | |
|---|---|---|
| 坂田郡伊吹町伊吹山 | ペルム紀 | フズリナ, 貝類, ウミユリ, サンゴ, ウニ |
| 坂田郡米原町醒井 | ペルム紀 | フズリナ, ウミユリ |
| 犬上郡多賀町芹川上流 | ペルム紀 | フズリナ, ウミユリ, 腕足類, サンゴ, 三葉虫, 蘚虫, 貝類, 介形類 |
| 犬上郡多賀町犬上川上流 | ペルム紀 | フズリナ, ウミユリ |
| 犬上郡多賀町四手 | 新第三紀 | 植物, 貝類, 哺乳類 |
| 蒲生郡日野町蓮花寺, 中之郷, 別所 | 新第三紀 | 植物, 貝類, 哺乳類 |
| 甲賀郡甲西町野洲川河床 | 新第三紀 | 植物, 貝類 |
| 甲賀郡水口町野洲川河床 | 新第三紀 | 植物, 貝類 |
| 甲賀郡甲賀町小佐治, 隠岐, 猪野 | 新第三紀 | 貝類, 魚類, 爬虫類, 哺乳類, 植物 |
| 甲賀郡甲南町柑子, 野田 | 新第三紀 | 貝類, 魚類 |
| 甲賀郡土山町鮎河, 黒滝, 上の平 | 新第三紀 | 貝類, サメの歯, 腕足類, カニ, シャコ, 植物 |
| 甲賀郡土山町頓宮 | 新第三紀 | 植物 |
| 犬上郡多賀町芹川中流 | 第四紀 | 哺乳類 |
| 彦根市野田山町 | 第四紀 | 植物, コハク |
| 愛知郡愛東町外 | 第四紀 | 植物 |
| 滋賀郡志賀町和邇 | 第四紀 | 貝類, 植物, 哺乳類 |
| 大津市真野佐川町, 真野, 雄琴 | 第四紀 | 貝類, 植物, 哺乳類 |
| 高島郡安曇川町下古賀 | 第四紀 | 植物 |
| 高島郡新旭町熊の本 | 第四紀 | 植物 |

## 三重県

| | | |
|---|---|---|
| 員弁郡藤原町藤原岳 | ペルム紀 | 海綿, フズリナ, 貝類, 腕足類, ウミユリ |
| 鳥羽市松尾町瀬戸谷 | ジュラ紀 | サンゴ, 層孔虫 |
| 志摩郡磯部町恵利原, 大場, 広ノ谷 | ジュラ紀 | サンゴ, 層孔虫, ウニ |
| 度会郡南勢町飯満, 野添, 泉村 | 白亜紀 | アンモナイト, 貝類, ウニ |
| 鳥羽市白根崎 | 白亜紀 | 貝類, 爬虫類 |

| 産地 | 地質時代 | 産出化石 |
|---|---|---|
| 安芸郡美里村柳谷, 穴倉, 長野 | 新第三紀 | サメの歯, 貝類, 獣骨, サンゴ, カニ, ウニ, 魚類, ウミユリ, クモヒトデ |
| 久居市榊原町 | 新第三紀 | サメの歯, 貝類, 獣骨, サンゴ, カニ |
| 久居市安子谷 | 新第三紀 | 貝類 |
| 一志郡嬉野町釜生田 | 新第三紀 | 貝類, ヒトデ, ウニ |
| 一志郡美杉村太郎生 | 新第三紀 | 貝類, ウニ, 植物 |
| 一志郡一志町田尻, 波瀬 | 新第三紀 | 貝類, ウニ, 植物, サメの歯 |
| 一志郡白山町中ノ村 | 新第三紀 | 貝類, ウニ, カニ, サメの歯 |
| 員弁郡藤原町上之山田 | 新第三紀 | 哺乳類, 植物, 貝類 |
| 員弁郡北勢町二の瀬, 塩崎, 下平 | 新第三紀 | 貝類, 植物 |
| 員弁郡員弁町明知川 | 新第三紀 | 哺乳類, 植物 |
| 三重郡菰野町千種 | 新第三紀 | 貝類, ウニ, カニ, フジツボ |
| 阿山郡大山田村服部川 | 新第三紀 | 魚類, 貝類, 哺乳類, 爬虫類, 両生類, 植物 |
| 亀山市住山町椋川 | 新第三紀 | 哺乳類 |
| 鈴鹿郡関町萩原, 加太 | 新第三紀 | 貝類, 植物 |
| 尾鷲市行野浦 | 新第三紀 | 貝類, サメの歯, ヒトデ, 有孔虫, 魚鱗 |

## 京都府

| 産地 | 地質時代 | 産出化石 |
|---|---|---|
| 加佐郡大江町公荘, 河原 | ペルム紀 | フズリナ, 貝類, 腕足類, 三葉虫, 蘚虫 |
| 天田郡夜久野町高内 | ペルム紀 | 蘚虫, ウミユリ |
| 京都市左京区鞍馬 | ペルム紀 | フズリナ |
| 船井郡瑞穂町質志 | ペルム紀 | フズリナ, サンゴ |
| 船井郡園部町観音坂峠 | ペルム紀 | サンゴ |
| 舞鶴市松尾, 志高 | 三畳紀 | 貝類, 腕足類, 植物 |
| 綾部市新道, 見内 | 三畳紀 | 貝類 |
| 天田郡夜久野町割石谷 | 三畳紀 | アンモナイト, ウミユリ, クモヒトデ, 貝類, 腕足類 |
| 宮津市木子 | 新第三紀 | 魚類, 植物 |
| 与謝郡伊根町足谷, 滝根 | 新第三紀 | 魚類, 植物 |
| 竹野郡弥栄町吉津 | 新第三紀 | 植物 |
| 竹野郡網野町上野 | 新第三紀 | 貝類, ウニ |
| 竹野郡丹後町矢畑, 吉永 | 新第三紀 | 植物 |
| 綴喜郡宇治田原町奥山田, 湯屋谷, 裏白峠 | 新第三紀 | 貝類, カニ, サメの歯 |
| 舞鶴市笹部 | 新第三紀 | 貝類, サンゴ, カニ |

## 大阪府

| 産地 | 地質時代 | 産出化石 |
|---|---|---|
| 高槻市出灰, 下条, 上条 | ペルム紀 | サンゴ, フズリナ, 貝類 |
| 泉南市畦の谷, 新家, 高倉山 | 白亜紀 | アンモナイト, 貝類, カニ, エビ, ウニ |
| 泉佐野市滝の池, 新池 | 白亜紀 | アンモナイト, 貝類 |
| 貝塚市中の谷, 蕎原 | 白亜紀 | アンモナイト, 貝類, サメの歯 |
| 阪南市箱作 | 白亜紀 | アンモナイト, 貝類 |
| 泉南郡岬町多奈川, 小島 | 白亜紀 | 植物 |
| 和泉市光明池 | 第四紀 | 植物, 哺乳類 |

## 兵庫県

| 産地 | 地質時代 | 産出化石 |
|---|---|---|
| 宍粟郡一宮町百千家満 | ペルム紀 | フズリナ, サンゴ |
| 養父郡養父町御祓 | 三畳紀 | 貝類, 腕足類 |
| 篠山市王地山の沢田丘陵 | 白亜紀 | 貝類, 植物, カイエビ |
| 三原郡緑町広田広田 | 白亜紀 | 貝類, アンモナイト, ウニ, エビ |
| 三原郡西淡町阿那賀, 仲野, 湊 | 白亜紀 | 貝類, 植物, アンモナイト, ウニ, エビ |
| 三原郡南淡町大川, 黒岩, 地野 | 白亜紀 | アンモナイト, 貝類, エビ |

| | | |
|---|---|---|
| 洲本市由良町内田 | 白亜紀 | 貝類, 植物, 腕足類, ウニ, カニ |
| 神戸市北区木津, 西鈴蘭台 | 新第三紀 | 植物 |
| 神戸市垂水区奥畑 | 新第三紀 | 植物 |
| 神戸市須磨区白川台 | 新第三紀 | 植物 |
| 神戸市須磨区多井畑 | 新第三紀 | 貝類 |
| 豊岡市三原峠, 福田 | 新第三紀 | 植物 |
| 城崎郡竹野町猫崎 | 新第三紀 | 植物 |
| 城崎郡日高町田の口, 万場, 名色 | 新第三紀 | 貝類 |
| 城崎郡香住町境 | 新第三紀 | 植物 |
| 養父郡八鹿町日畑, 加瀬尾, 高柳 | 新第三紀 | 貝類, 植物 |
| 美方郡温泉町海上, 高山 | 新第三紀 | 植物, 昆虫 |
| 美方郡村岡町鹿田 | 新第三紀 | 貝類 |
| 津名郡淡路町岩屋 | 新第三紀 | 貝類 |
| 津名郡北淡町野島常磐 | 新第三紀 | 貝類, ウニ |
| 西宮市満地谷, 上が原 | 第四紀 | 植物 |
| 明石市西八木～中八木海岸 | 第四紀 | 植物, 哺乳類 |
| 津名郡五色町都志 | 第四紀 | 哺乳類, 爬虫類, 貝類, 植物 |

## 奈良県

| | | |
|---|---|---|
| 奈良市藤原町 | 新第三紀 | 貝類, カニ, サンゴ, 植物 |
| 山辺郡都祁村都介野岳, 貝ヶ平山 | 新第三紀 | 貝類 |
| 宇陀郡榛原町貝ヶ平 | 新第三紀 | 貝類 |
| 奈良市菖蒲池, 法蓮寺 | 第四紀 | 植物, 昆虫, 魚類, 哺乳類 |
| 吉野郡大淀町車坂 | 第四紀 | 植物 |
| 天理市白川池 | 第四紀 | 植物, 昆虫 |

## 和歌山県

| | | |
|---|---|---|
| 日高郡由良町白崎, 黒山, 衣奈, 皆森 | ペルム紀 | フズリナ, 蘚虫 |
| 有田郡清水町井谷 | ジュラ紀 | 層孔虫, サンゴ, 石灰藻 |
| 日高郡由良町水越峠, 門前 | ジュラ紀 | サンゴ, 層孔虫, ウニ, 石灰藻 |
| 和歌山市田倉崎 | 白亜紀 | 貝類 |
| 有田郡湯浅町北栄, 端崎 | 白亜紀 | 植物 |
| 有田郡湯浅町矢田, 古川 | 白亜紀 | アンモナイト, 貝類, ウニ, ヒトデ |
| 有田郡金屋町鳥屋城山 | 白亜紀 | アンモナイト, 貝類, ウニ |
| 有田郡広川町天皇山 | 白亜紀 | 植物, 貝類 |
| 橋本市東家 | 新第三紀 | 植物 |
| 東牟婁郡太地町夏山 | 新第三紀 | サメの歯 |
| 東牟婁郡那智勝浦町宇久井海岸, 小麦 | 新第三紀 | 貝類, サンゴ, 蘚虫 |
| 東牟婁郡本宮町新宮川岸 | 新第三紀 | 貝類 |
| 西牟婁郡白浜町江津良, 藤島 | 新第三紀 | 貝類, カニ |
| 西牟婁郡串本町田並, 田野崎, 富岡 | 新第三紀 | 貝類, サンゴ, 蘚虫 |
| 田辺市滝内 | 新第三紀 | 貝類, カニ |

## 鳥取県

| | | |
|---|---|---|
| 八頭郡若桜町春米 | 新第三紀 | 貝類 |
| 八頭郡郡家町明辺 | 新第三紀 | 貝類 |
| 八頭郡佐治村辰巳峠 | 新第三紀 | 植物, 昆虫 |
| 岩美郡国府町宮の下, 美歎, 岡益, 上地 | 新第三紀 | 魚類, 貝類, 腕足類, ウニ, 植物 |
| 岩美郡国府町普願寺 | 新第三紀 | 植物 |
| 日野郡日南町多里, 新屋 | 新第三紀 | 貝類, ウニ, 魚類, 植物, カニ |

付録 2 全国の主な化石産地・産出化石

| 東伯郡三朝町三徳 | 新第三紀 | 植物 |

## 岡山県

| 後月郡芳井町日南 | 石炭紀 | サンゴ, ウミユリ, フズリナ, 三葉虫, 腕足類 |
| 真庭郡勝山町神庭 | ペルム紀 | フズリナ |
| 新見市石蟹, 長屋, 井倉, 佐伏 | ペルム紀 | フズリナ, サンゴ, ウミユリ |
| 御津郡御津町金川 | 三畳紀 | 貝類 |
| 英田郡英田町福本 | 三畳紀 | アンモナイト, 貝類 |
| 川上郡成羽町日名畑, 灘波江 | 三畳紀 | 植物, 貝類, 腕足類 |
| 川上郡川上町地頭 | 三畳紀 | 植物, 貝類, 腕足類 |
| 井原市山地 | 白亜紀 | カイエビ |
| 苫田郡上斎原村人形峠, 恩原 | 新第三紀 | 植物 |
| 津山市新田, 院庄, 皿山川, 楢 | 新第三紀 | 貝類, 植物, サメの歯 |
| 勝田郡勝央町植月, 豊久田 | 新第三紀 | 貝類, 植物 |
| 勝田郡奈義町中島東, 柿, 福元 | 新第三紀 | 貝類, カニ, 植物 |
| 勝田郡勝北町塩手池, 西下 | 新第三紀 | 貝類, ウニ, 植物 |
| 川上郡川上町高山市, 芋原 | 新第三紀 | 貝類, サメの歯 |
| 川上郡備中町平弟子 | 新第三紀 | 貝類, サメの歯 |
| 上房郡北房町蓬原 | 新第三紀 | 貝類 |
| 阿哲郡大佐町戸谷 | 新第三紀 | 貝類, カニ |
| 阿哲郡哲西町荒掘, 矢田谷, 日の本 | 新第三紀 | 貝類 |
| 井原市野上町見頂, 浪形 | 新第三紀 | 貝類, 腕足類, サメの歯, 魚類 |
| 真庭郡八束村蒜山原 | 第四紀 | 珪藻, 植物, 昆虫 |

## 広島県

| 比婆郡東城町禅仏寺谷, 三郷, 帝釈峡 | 石炭紀・ペルム紀 | フズリナ, 貝類, サンゴ, 三葉虫, 蘚虫, 海綿, 石灰藻 |
| 高田郡八千代町刈田小又谷 | ペルム紀 | 貝類, 腕足類, ウミユリ, フズリナ |
| 甲奴郡総領町黒目 | ペルム紀 | フズリナ |
| 神石郡油木町忠原, 上野 | 白亜紀 | カイエビ |
| 深安郡神辺町仁井, 名田, 川谷 | 白亜紀 | 貝類, 植物 |
| 双三郡作木村摺滝 | 古第三紀 | 植物, 貝類 |
| 比婆郡西城町植木 | 新第三紀 | 貝類, カニ |
| 比婆郡東城町二本松 | 新第三紀 | 貝類 |
| 比婆郡高野町新市, 半戸 | 新第三紀 | 貝類 |
| 神石郡油木町宇手迫, 忠原, 高見池 | 新第三紀 | 貝類 |
| 庄原市宮内町貝名谷, 新庄町, 本町 | 新第三紀 | 貝類 |
| 双三郡三良坂町上下川 | 新第三紀 | 貝類 |
| 双三郡君田村神之瀬川 | 新第三紀 | 貝類, 哺乳類, 爬虫類 |
| 三次市山家, 四拾貫 | 新第三紀 | 貝類, サメの歯 |
| 三次市塩町 | 新第三紀 | 植物 |
| 東広島市落合 | 第四紀 | 植物 |

## 島根県

| 八束郡玉湯町布志名, 若山 | 新第三紀 | 貝類, 腕足類, ウニ, サメの歯, カニ, 哺乳類 |
| 八束郡宍道町本郷, 西台 | 新第三紀 | 貝類 |
| 松江市川津町南家 | 新第三紀 | 貝類 |
| 飯石郡三刀屋町高窪 | 新第三紀 | 植物 |
| 出雲市上塩津町 | 新第三紀 | 貝類 |
| 大田市大森町, 久利町 | 新第三紀 | 貝類, 腕足類 |
| 隠岐郡都万村釜谷, 向山 | 新第三紀 | 貝類, 植物 |

| | | |
|---|---|---|
| 隠岐郡西郷町中の浦 | 新第三紀 | 貝類, 植物 |
| 隠岐郡五箇村中山峠 | 新第三紀 | 植物 |
| 邇摩郡仁摩町荒崎 | 新第三紀 | 貝類 |
| 浜田市唐鐘, 畳が浦赤島鼻 | 新第三紀 | 貝類, ウニ |

## 山口県

| | | |
|---|---|---|
| 美祢郡秋芳町秋吉台, 美東町 | 石炭紀・ペルム紀 | 腕足類, フズリナ, サンゴ, 三葉虫, 海綿, 蘚虫, ウミユリ, 貝類, 石灰藻 |
| 美祢市大嶺町平原, 桃の木, 荒川 | 三畳紀 | 植物, 昆虫 |
| 厚狭郡山陽町津布田, 山野井 | 三畳紀 | 植物 |
| 厚狭郡山陽町鴨庄 | 三畳紀 | 貝類 |
| 豊浦郡豊田町石町, 城戸, 東長野 | ジュラ紀 | アンモナイト, 貝類, 植物 |
| 豊浦郡菊川町西中山 | ジュラ紀 | アンモナイト, 貝類, 植物 |
| 下関市高地峠東方, 阿内 | ジュラ紀 | 植物 |
| 豊浦郡菊川町七見 | 白亜紀 | 植物 |
| 下関市吉母海岸, 大畑 | 白亜紀 | 貝類 |
| 下関市高地峠西方, 小野 | 白亜紀 | 植物 |
| 下関市彦島 | 古第三紀 | 貝類, 鳥類, 植物 |
| 宇部市沖の山, 上梅田 | 古第三紀 | 貝類, 植物, 哺乳類 |
| 阿武郡須佐町前地, 水海 | 新第三紀 | 貝類, ウニ, サメの歯 |
| 大津郡日置町黄波戸海岸 | 新第三紀 | 貝類, サメの歯 |
| 豊浦郡豊北町神田海岸 | 新第三紀 | 貝類, サメの歯, 植物 |
| 柳井市平郡島長崎 | 新第三紀 | 植物 |

## 徳島県

| | | |
|---|---|---|
| 那賀郡上那賀町臼ヶ谷, 長安, 轟 | ジュラ紀 | 貝類, ウニ, サンゴ, アンモナイト |
| 那賀郡木頭村蝉谷 | ジュラ紀 | 貝類, ウニ, サンゴ, アンモナイト |
| 板野郡上板町大山 | 白亜紀 | アンモナイト, 貝類, 植物 |
| 那賀郡羽ノ浦町古毛 | 白亜紀 | 貝類, アンモナイト, 植物 |
| 勝浦市上勝町傍示, 藤川, 柳谷 | 白亜紀 | 貝類, 植物 |
| 鳴門市北泊, 島田島, 大毛島 | 白亜紀 | 植物, 貝類, アンモナイト |
| 美馬郡脇町相立谷 | 白亜紀 | 貝類, アンモナイト |
| 美馬郡美馬町石仏, 郡里山, 正部 | 白亜紀 | 貝類, アンモナイト |
| 三好郡三好町 | 白亜紀 | 貝類, アンモナイト |

## 香川県

| | | |
|---|---|---|
| 大川郡引田町北谷, 翼山 | 白亜紀 | 貝類, 植物 |
| さぬき市多和兼割 | 白亜紀 | アンモナイト, 貝類, ウニ, サメの歯, 植物 |
| 三豊郡財田町財田上, 灰倉山 | 白亜紀 | アンモナイト, 貝類, ウニ, 植物 |
| 仲多度郡琴南町柞野, 平川, 明神川上流 | 白亜紀 | アンモナイト, サメの歯 |
| 仲多度郡仲南町塩入川 | 白亜紀 | アンモナイト |
| 香川郡塩江町塩江温泉, 椛川 | 白亜紀 | アンモナイト |
| 小豆郡土庄町長浜, 竜の宮, 豊島蛇崎 | 新第三紀 | 貝類, 魚類, 植物 |
| 小豆郡池田町釈迦ヶ鼻 | 新第三紀 | 哺乳類 |
| 三豊郡財田町北野, 山脇 | 新第三紀 | 植物, 哺乳類 |
| 仲多度郡満濃町江畑 | 新第三紀 | 植物 |
| 香川郡香南町岡 | 新第三紀 | 植物, 哺乳類 |

## 愛媛県

| | | |
|---|---|---|
| 東宇和郡野村町岡成 | シルル紀 | 三葉虫, サンゴ, ウミユリ |
| 東宇和郡城川町嘉喜尾 | シルル紀 | 三葉虫, サンゴ, ウミユリ |
| 上浮穴郡柳谷村中久保 | ペルム紀 | フズリナ, 貝類, 三葉虫, サンゴ, 腕足類, ウミユリ |
| 東宇和郡城川町魚成田穂 | 三畳紀 | アンモナイト, 貝類 |
| 東宇和郡城川町日浦 | ジュラ紀 | ウニ, サンゴ, 植物 |
| 新居浜市仏崎 | 白亜紀 | アンモナイト, 貝類, 箭石 |
| 松山市青波 | 白亜紀 | アンモナイト, 貝類 |
| 宇和島市古城山, 吉松 | 白亜紀 | アンモナイト, 貝類, ウニ, 植物 |
| 北宇和郡吉田町浅川 | 白亜紀 | アンモナイト, 貝類, ウニ |
| 上浮穴郡久万町二名 | 古第三紀 | 植物, サンゴ, 貝類, サメの歯 |
| 伊予市郡中 | 新第三紀 | 植物 |
| 北宇和郡日吉村上鍵山 | 新第三紀 | 植物 |

## 高知県

| | | |
|---|---|---|
| 高岡郡日高村妹背 | シルル紀 | サンゴ, 層孔虫, 腕足類 |
| 高岡郡越知町横倉山 | シルル紀 | サンゴ, 三葉虫, 腕足類, ウミユリ, 蘚虫 |
| 高岡郡越知町大平 | デボン紀 | 植物, 腕足類 |
| 香美郡土佐山田町休場 | ペルム紀 | フズリナ, サンゴ, 三葉虫, 腕足類 |
| 土佐郡土佐山村日の浦 | ペルム紀 | フズリナ, サンゴ, 貝類, 腕足類 |
| 高岡郡佐川町下山, 耳切, 山姥, 大平山 | ペルム紀 | 腕足類, 三葉虫, 貝類, サンゴ, ウミユリ, フズリナ |
| 香美郡野市町三宝山 | 三畳紀 | 貝類, 腕足類, サンゴ, 層孔虫 |
| 吾川郡伊野町是友 | 三畳紀 | 貝類 |
| 高岡郡日高村竜石, 大和田 | 三畳紀 | 貝類, 腕足類 |
| 高岡郡佐川町蔵法院, 川内ヶ谷, 下山 | 三畳紀 | 貝類, アンモナイト, 植物 |
| 高知市朝倉 | ジュラ紀 | 貝類, 腕足類, ウミユリ, ウニ |
| 高岡郡佐川町鳥の巣, 穴岩, 西山 | ジュラ紀 | サンゴ, 層孔虫, 腕足類, 蘚虫, ウニ, 貝類 |
| 香美郡物部村楮佐古, 土居番 | 白亜紀 | 貝類, アンモナイト |
| 香美郡香北町永瀬, 萩野 | 白亜紀 | 貝類, アンモナイト, ウニ |
| 香美郡香北町柚の木轟の滝, 奈路 | 白亜紀 | 植物 |
| 香美郡土佐山田町新改西の谷, 弘法谷 | 白亜紀 | 植物, 貝類 |
| 南国市領石, 下八京 | 白亜紀 | 植物 |
| 南国市牛月 | 白亜紀 | 貝類, アンモナイト, ウニ, 蘚虫 |
| 高知市奥福井, 万々 | 白亜紀 | 貝類, アンモナイト, ウニ, 蘚虫 |
| 高知市東久万, 一宮 | 白亜紀 | 植物 |
| 高岡郡東津野村郷枝ヶ谷, 口目ヶ市 | 白亜紀 | 貝類, ウニ, 植物 |
| 高岡郡檮原町越知面 | 白亜紀 | 植物 |
| 須崎市堂ヶ奈路 | 白亜紀 | 貝類, 層孔虫 |
| 宿毛市小筑紫町栄喜 | 古第三紀 | 貝類 |
| 安芸郡安田町唐浜, 大野 | 新第三紀 | 貝類, サンゴ, サメの歯, ウニ, カニ, 植物, フジツボ, 獣骨 |
| 室戸市羽根町登 | 新第三紀 | 貝類, サンゴ |

## 福岡県

| | | |
|---|---|---|
| 北九州市小倉南区平尾台 | ペルム紀 | フズリナ |
| 北九州市門司区白野江 | ペルム紀 | ウミユリ |
| 鞍手郡宮田町脇野, 千石峡 | 白亜紀 | 貝類 |
| 鞍手郡若宮町力丸 | 白亜紀 | 貝類 |
| 直方市上新入 | 白亜紀 | 貝類 |

| | | |
|---|---|---|
| 北九州市小倉北区熊谷町 | 白亜紀 | 魚類, 貝類 |
| 北九州市小倉南区蒲生, 鷲峰山 | 白亜紀 | 魚類, 貝類 |
| 北九州市小倉北区藍島 | 古第三紀 | 貝類 |
| 宗像郡津屋崎町楯崎クグリ岩 | 古第三紀 | 貝類, サメの歯 |
| 福岡市西区姪の浜愛宕山, 五塔山 | 古第三紀 | 貝類 |
| 遠賀郡芦屋町山鹿 | 古・新第三紀 | 貝類, ウニ, サメの歯, 鳥類 |
| 遠賀郡水巻町吉田 | 古・新第三紀 | 貝類, ウニ, サメの歯 |
| 北九州市八幡西区浅川 | 古・新第三紀 | 貝類, ウニ, サメの歯 |

## 大分県

| | | |
|---|---|---|
| 南海部郡本匠村片内 | シルル紀 | サンゴ |
| 大野郡三重町奥畑 | シルル紀 | サンゴ |
| 津久見市水晶山, 高登山 | ペルム紀 | フズリナ |
| 南海部郡上浦町浅海井 | ジュラ紀・白亜紀 | アンモナイト, 貝類, サンゴ, ウニ |
| 臼杵市大浜, 中津浦 | 白亜紀 | 貝類 |
| 大野郡犬飼町犬飼 | 白亜紀 | 貝類 |
| 大分市敷戸, 片野, 旦野原 | 新第三紀 | 植物 |
| 下毛郡耶馬渓町鳴良 | 新第三紀 | 植物 |
| 玖珠郡九重町麦の平, 奥双石 | 第四紀 | 植物, 魚類, 昆虫 |
| 大分市磯崎 | 第四紀 | 貝類, 植物 |
| 大野郡大野町小倉木, 木浦畑 | 第四紀 | 植物 |

## 佐賀県

| | | |
|---|---|---|
| 東松浦郡相知町佐里 | 古第三紀 | 貝類, 腕足類, 魚類, ウニ |
| 東松浦郡北波多村稗田 | 古第三紀 | 貝類, 腕足類, 魚類, ウニ |
| 伊万里市立川 | 古第三紀 | 貝類, 植物, 腕足類 |
| 西松浦郡有田町黒牟田 | 古第三紀 | 貝類, サンゴ |
| 武雄市繁昌 | 古第三紀 | 貝類, サンゴ |
| 杵島郡北方町柴折峠, 志久峠 | 古第三紀 | 貝類, サンゴ |
| 杵島郡大町町新山 | 古第三紀 | 貝類, 植物, 腕足類 |

## 長崎県

| | | |
|---|---|---|
| 西彼杵郡伊王島町伊王島, 沖之島 | 古第三紀 | 植物, 貝類, サンゴ, オウムガイ |
| 西彼杵郡崎戸町 | 古・新第三紀 | 貝類, ウニ, 植物 |
| 西彼杵郡大島町間瀬 | 古・新第三紀 | 貝類, 植物 |
| 壱岐郡芦辺町長者原崎 | 新第三紀 | 魚類, 植物, 昆虫 |
| 下県郡美津島町竹敷, 鶏知 | 新第三紀 | 貝類, ウニ, 植物 |
| 下県郡厳原町小茂田, 上槻, 若田 | 新第三紀 | 貝類, ウニ, 植物 |
| 西彼杵郡西海町七釜 | 新第三紀 | 石灰藻 |
| 南高来郡加津佐町波見, 加津佐, 樫山 | 新第三紀 | 貝類, 植物, 哺乳類 |
| 北松浦郡鹿町町黒崎 | 新第三紀 | 貝類, 植物 |
| 佐世保市相浦, 真申 | 新第三紀 | 貝類, 植物 |
| 長崎市茂木 | 新第三紀 | 植物 |
| 南高来郡南有馬町原城跡 | 第四紀 | 貝類 |

## 宮崎県

| | | |
|---|---|---|
| 西臼杵郡五ヶ瀬町鞍岡祇園山 | シルル紀 | サンゴ, 三葉虫, 腕足類, 層孔虫, 蘚虫 |
| 西臼杵郡高千穂町上村, 土呂久 | ペルム紀・三畳紀 | フズリナ, アンモナイト, 貝類 |
| 西臼杵郡五ヶ瀬町白岩山, 小川 | ペルム紀 | フズリナ, サンゴ |

| | | | |
|---|---|---|---|
| 串間市高松 | 古第三紀 | 貝類, カニ, 魚類 | |
| 日南市油津 | 古第三紀 | 貝類 | |
| 東諸県郡高岡町赤谷, 狩野 | 新第三紀 | 貝類 | |
| 東諸県郡綾町割付 | 新第三紀 | 貝類 | |
| 児湯郡川南町通山浜 | 新第三紀 | 貝類, ウニ, サンゴ, フジツボ, カニ | |
| 西都市於郡町 | 新第三紀 | 貝類 | |
| 宮崎郡田野町灰ヶ野 | 新第三紀 | 貝類 | |
| えびの市池牟礼 | 第四紀 | 植物 | |

## 熊本県

| | | |
|---|---|---|
| 八代郡坂本村深水 | シルル紀 | サンゴ, 腕足類 |
| 八代郡泉村矢山岳, 柿迫 | ペルム紀 | フズリナ, サンゴ, 蘚虫 |
| 球磨郡球磨村神瀬 | ペルム紀 | フズリナ, サンゴ, 層孔虫, 貝類, 腕足類 |
| 球磨郡球磨村神瀬, 四蔵 | 三畳紀 | サンゴ, 層孔虫 |
| 八代郡坂本村馬廻谷 | 三畳紀 | 貝類, アンモナイト |
| 八代市二見鷹河内 | 三畳紀 | 貝類, アンモナイト |
| 八代郡坂本村衣領, 坂本, 松崎 | ジュラ紀 | 貝類, アンモナイト, 腕足類, サンゴ, 海綿 |
| 葦北郡芦北町白石, 籐瀬, 屋敷野 | ジュラ紀 | 貝類, サンゴ, 層孔虫 |
| 葦北郡田浦町田浦, 海浦 | ジュラ紀 | 貝類, アンモナイト, 腕足類, サンゴ, 海綿 |
| 上益城郡御船町浅の藪, 下梅木, 北河内 | 白亜紀 | アンモナイト, 貝類 |
| 上益城郡御船町軍見坂, 神掛 | 白亜紀 | 植物 |
| 下益城郡豊野町八瀬戸 | 白亜紀 | 貝類, アンモナイト |
| 八代郡坂本村九折 | 白亜紀 | 貝類, アンモナイト |
| 八代市原女木, 日奈久竹内峠の西 | 白亜紀 | 貝類, アンモナイト |
| 天草郡姫戸町姫の浦 | 白亜紀 | アンモナイト, 貝類, サメの歯 |
| 天草郡龍ヶ岳町椚島 | 白亜紀 | アンモナイト, 貝類, サメの歯, ウニ, 植物 |
| 天草郡松島町内野河内 | 白亜紀 | アンモナイト, 貝類 |
| 天草郡御所浦町 | 白亜紀 | アンモナイト, 恐竜 |
| 天草郡河浦町産島, 船津 | 古第三紀 | 貝類, サンゴ |
| 牛深市茂串, 黒島南岸, 辰ヶ越, 魚貫, 遠見山, 久玉明石岬, 深海, 下須島黒岬 | 古第三紀 | 貝類, 腕足類, サンゴ |
| 阿蘇郡小国町杖立温泉 | 新第三紀 | 植物 |
| 鹿本郡鹿北町星原 | 新第三紀 | 植物 |
| 葦北郡津奈木町平国 | 新第三紀 | 植物 |

## 鹿児島県

| | | |
|---|---|---|
| 川辺郡笠沙町野間池 | ジュラ紀 | サンゴ, 層孔虫, 腕足類, 石灰藻 |
| 出水郡東町獅子島, 長島 | 白亜紀 | 貝類, 腕足類, ウニ, アンモナイト |
| 出水郡東町三船 | 古第三紀 | 貝類, サンゴ, 有孔虫 |
| 薩摩郡樋脇町菖蒲ヶ段 | 新第三紀 | 植物, 魚類 |
| 薩摩郡薩摩町永野 | 新第三紀 | 植物 |
| 薩摩郡東郷町荒川内 | 新第三紀 | 植物, 昆虫 |
| 薩摩郡入来町仕明 | 新第三紀 | 植物, 昆虫 |
| 川辺郡坊津町中山 | 新第三紀 | 植物 |
| 熊毛郡南種子町上中, 茎永 | 新第三紀 | 貝類, 腕足類 |
| 熊毛郡中種子町犬城 | 新第三紀 | 貝類, 腕足類, 植物 |
| 西之表市安城 | 新第三紀 | 貝類, 腕足類, 植物 |
| 鹿児島郡吉田町桑の丸 | 第四紀 | 貝類, 植物 |
| 大島郡喜界町上嘉鉄 | 第四紀 | 貝類 |
| 姶良郡隼人町東部 | 第四紀 | 植物 |

| | | |
|---|---|---|
| 鹿児島市燃島(新島) | 第四紀 | 貝類, サンゴ |
| 西之表市住吉形之山 | 第四紀 | 貝類, 腕足類, 植物, 魚類, 哺乳類, ウニ, カニ |

## 沖縄県

| | | |
|---|---|---|
| 国頭郡本部町山里 | ペルム紀 | フズリナ |
| 島尻郡伊平屋村(伊平屋島)屋兵衛岩 | ペルム紀 | フズリナ, サンゴ, 蘚虫, 石灰藻 |
| 国頭郡本部町備瀬, 山川, 渡久地, 謝花 | 三畳紀 | アンモナイト, 貝類, ウニ, 蘚虫 |
| 国頭郡国頭村辺戸岬 | 三畳紀 | アンモナイト, 貝類 |
| 名護市有津, 嘉陽 | 古第三紀 | 有孔虫 |
| 八重山郡竹富町(西表島)美原北部 | 古第三紀 | 有孔虫 |
| 石垣市(石垣島)宮良, 大里, 伊原間 | 古第三紀 | 貝類, 有孔虫, 石灰藻 |
| 名護市仲尾次 | 新第三紀 | 貝類 |
| 中頭郡与那城町宮城島, 屋慶名 | 新第三紀 | 貝類, 腕足類, サンゴ, 蘚虫 |
| 中頭郡勝連町平敷屋 | 新第三紀 | 貝類, 腕足類, サンゴ, 蘚虫 |
| 島尻郡佐敷町新里 | 新第三紀 | 貝類, サンゴ, 腕足類, 魚類, フジツボ |
| 島尻郡豊見城村翁長 | 新第三紀 | 貝類, サンゴ, 腕足類 |
| 島尻郡具志頭村海岸 | 新第三紀 | 貝類, サンゴ, 腕足類 |
| 島尻郡東風平町伊覇 | 新第三紀 | 貝類, サンゴ, 腕足類 |
| 島尻郡知念村知名 | 新第三紀 | 貝類, サンゴ, 腕足類 |
| 島尻郡仲里村(久米島)比屋定, 阿嘉 | 新第三紀 | 貝類, ウニ, 蘚虫, サンゴ |
| 八重山郡与那国町(与那国島)新川鼻 | 新第三紀 | 貝類, ウニ, 植物 |
| 国頭郡恩納村喜瀬武原 | 第四紀 | 植物, 貝類 |
| 名護市湖辺底, ハイクンガー原, 許田 | 第四紀 | 植物, 貝類 |
| 中頭郡読谷村多幸山 | 第四紀 | 植物, 貝類 |
| 浦添市牧港 | 第四紀 | ウニ, サンゴ, 腕足類 |

## 3 新しくオープンした化石を展示している博物館

| 名称 | 所在地／休館日 | 電話番号 |
|---|---|---|
| みなくち子どもの森自然館 | 〒528-0051　滋賀県甲賀郡水口町北内貴10<br>毎週月曜日，祝日の翌日，年末年始 | ☎ 0748-63-6712 |
| 福井県立恐竜博物館 | 〒911-8601　福井県勝山市村岡町 51-11<br>　　　　　　勝山市立長尾山総合公園内<br>毎週月曜日，祝日の翌日，年末年始 | ☎ 0779-88-0001 |
| 中川町エコミュージアムセンター | 〒098-2626　北海道中川郡中川町安川 28-9<br>毎週月曜日，祝日の翌日，年末年始 | ☎ 01656-8-5133 |

# 4 装備一覧表

| チェック | 衣服など | チェック | 採集道具 | チェック | 補助道具 |
|---|---|---|---|---|---|
| ☐☐☐☐ | ヘルメット | ☐☐☐☐ | ロックハンマー | ☐☐☐☐ | カメラ |
| ☐☐☐☐ | 帽子 | ☐☐☐☐ | ピックハンマー | ☐☐☐☐ | 測量用の赤白棒 |
| ☐☐☐☐ | | ☐☐☐☐ | チゼルハンマー | ☐☐☐☐ | 巻き尺 |
| ☐☐☐☐ | 傘 | ☐☐☐☐ | 化粧割りハンマー | ☐☐☐☐ | クリノメーター |
| ☐☐☐☐ | カッパ | ☐☐☐☐ | 化石ハンマー | ☐☐☐☐ | |
| ☐☐☐☐ | ヤッケ | ☐☐☐☐ | ツルハシ | ☐☐☐☐ | 地質図 |
| ☐☐☐☐ | 軍手 | ☐☐☐☐ | | ☐☐☐☐ | 地形図 |
| ☐☐☐☐ | 長靴 | ☐☐☐☐ | タガネ凸大 | ☐☐☐☐ | 図鑑 |
| ☐☐☐☐ | 登山靴 | ☐☐☐☐ | 〃 凸中 | ☐☐☐☐ | ガイドブック |
| ☐☐☐☐ | | ☐☐☐☐ | 〃 凸小 | ☐☐☐☐ | 野帳 |
| ☐☐☐☐ | | ☐☐☐☐ | 〃 平中 | ☐☐☐☐ | 筆記具 |
| ☐☐☐☐ | タオル | ☐☐☐☐ | バール | ☐☐☐☐ | |
| ☐☐☐☐ | ハンカチ | ☐☐☐☐ | フルイ | ☐☐☐☐ | 高度計付きの時計 |
| ☐☐☐☐ | ティッシュ | ☐☐☐☐ | 手ぼうき，ハケ | ☐☐☐☐ | 方位磁石 |
| ☐☐☐☐ | | ☐☐☐☐ | 古歯ブラシ | ☐☐☐☐ | 懐中電灯 |
| ☐☐☐☐ | お弁当 | ☐☐☐☐ | | ☐☐☐☐ | ナイフ |
| ☐☐☐☐ | 水筒 | ☐☐☐☐ | 防塵眼鏡 | ☐☐☐☐ | |
| ☐☐☐☐ | おやつ | ☐☐☐☐ | ルーペ | ☐☐☐☐ | |
| ☐☐☐☐ | リュック | ☐☐☐☐ | フィルムケース | ☐☐☐☐ | |
| ☐☐☐☐ | 傷テープ | ☐☐☐☐ | 脱脂綿 | ☐☐☐☐ | |
| ☐☐☐☐ | 虫よけスプレー | ☐☐☐☐ | タッパー | ☐☐☐☐ | |
| ☐☐☐☐ | シート | ☐☐☐☐ | 古新聞紙 | ☐☐☐☐ | |
| ☐☐☐☐ | 着替え | ☐☐☐☐ | 古雑誌 | ☐☐☐☐ | コンテナ・トレイ |
| ☐☐☐☐ | | ☐☐☐☐ | 接着剤 | ☐☐☐☐ | 段ボール箱 |

# 5 化石名索引

見たい化石をより探しやすいように，ページの後ろに産地（県名）を入れました。化石名は本文の表記にならっています。ただし，＊＊の仲間，＊＊の一種がある場合は，＊＊のみにしました。

## 【ア行】

アオザメ … 47(宮城), 70, 81(千葉), 120, 122(石川)
アカエイの歯 ………………………………… 65(埼玉)
アカガイ ➡ アナダラ
アカニシ ……………………………………… 131(静岡)
アカントハリシテス・クラオケンシス ……… 224(宮崎)
アカントピゲ ………………………………… 24(岩手)
アクキガイ …………………………………… 236(宮崎)
アケビガイ …………………………………… 76(千葉)
アコメイモガイ ……………………………… 79(千葉)
アサガオガイ科の一種 ……………………… 216(高知)
アッツリア …………………………………… 68(茨城)
アナダラ …… 117(富山), 120(石川), 126(福井),
　　　　　　　　137(石川), 203(高知), 234(宮崎)
アナプチクス ………………… 33(宮城), 225(熊本)
アプチクス …………………………………… 107(福井)
アヤボラ ……………………………………… 55(福島)
アラレガイ …………………………………… 144(石川)
アワジチヒロ ………………… 73(茨城), 75(千葉)
アワブキ ……………………………………… 239(大分)
アンヌリコンカの一種 ……………………… 28(岩手)
アンモナイト ………………… 13, 15(北海道), 107(福井)
　　　　　　　　　　　　　　151(京都), 226(熊本)
イガイ ………………………… 133(富山), 149(福井)
イケチョウガイ ……………………………… 189(滋賀)
イシガイ科の一種 …………………………… 189(滋賀)
イシカゲガイ ………………………………… 74(茨城)
イスルス ➡ アオザメ
イタチザメ …………………… 44(宮城), 80(千葉)
イタヤガイ …………………………………… 84(千葉)
イタヤカエデ ………………………………… 240(大分)
イチョウの葉 ………………………………… 9(北海道)
イトカケガイの一種 ………… 121(石川), 159(福井)
イノシシの下顎骨 …………………………… 188(三重)
イノセラムス・オリエンタリス …………… 227(熊本)
イノセラムス・シュミッティー …………… 227(熊本)
イボキサゴ …………………… 131(静岡), 235(宮崎)
イモガイ科の一種 …………… 87(千葉), 215(高知)
イルカの岩骨 ………………………………… 49(宮城)
イワフジツボの一種 ………………………… 45(宮城)
ウスタマガイ ………………………………… 131(静岡)
ウズラガイ …………………………………… 214(高知)
ウニ ………………… 19, 21(北海道), 112(長野), 228(熊本)
ウニの棘 …………… 19(北海道), 69(千葉), 122(石川)

ウニのノジュール …………………………… 19(北海道)
ウニメンガイ ………………………………… 86(千葉)
ウミギクガイ ………………… 86(千葉), 141(石川)
ウミタケ ……………………………………… 73(茨城)
ウミタケモドキガイ ………………………… 77(千葉)
ウミツボミ …………………………………… 96(新潟)
ウミユリの一種 ……………… 37(宮城), 94(福井)
ウラシマガイ ………………… 143(石川), 214(高知)
エイの歯 ……………………………………… 172(滋賀)
エイの尾棘 …………………… 75(千葉), 172(滋賀)
エゾキンチャク …… 53(福島), 60(秋田), 134(富山)
エゾタマキガイ …… 54(富山), 59(秋田), 136(石川)
エゾチヂミボラ ……………………………… 55(福島)
エゾヒバリガイ ……………………………… 196(島根)
エゾフネガイ ………………………………… 171(滋賀)
エゾボラ ……………………………………… 18(北海道)
エゾボラモドキ ……………………………… 55(福島)
エゾワスレガイ ……………………………… 59(秋田)
エノキ ………………………………………… 239(大分)
エビスガイの一種 …………………………… 213(高知)
エリフィラ …………………… 14(北海道), 154(大阪)
エンコウガニ ………………………………… 68(茨城)
エンシュウイグチ …………………………… 209(高知)
エントモノティス …………………………… 31(宮城)
オウナガイ …………………… 17(北海道), 52(福島)
オウムガイの一種 …………………………… 146(滋賀)
オオエゾシワガイ …………………………… 61(秋田)
オオキララガイ ……………………………… 205(高知)
オオタニシ …………………………………… 190(滋賀)
オオタマツバキ ……………………………… 206(高知)
オオツカニシキ ……………………………… 41(宮城)
オオツツミキンチャク ……………………… 51(宮城)
オオトリガイ ………………………………… 139(石川)
オオハナガイ ………………………………… 202(高知)
オオハネガイ ………………… 77(千葉), 158(福井)
オキシジミ …………………… 126(福井), 163(滋賀)
オキシセリテス ……………………………… 107(福井)
オキナガイの仲間 …………………………… 111(長野)
オドンタスピス ……………………………… 65(埼玉)
オニアサリ …………………………………… 140(石川)
オニキオプシス ……………………………… 109(福井)
オニフジツボ ………………… 138(石川), 217(高知)
オリイレボラ ………………………………… 208(高知)
オンマイシカゲガイ ………………………… 136(石川)

## 【カ行】

カエデの種子 ……………………………… 240（大分）
カガミガイ ………………… 140（石川）, 163（滋賀），
　　　　　　　　　　　　　184（京都）, 202（高知）
カガミホタテ ……………… 41（宮城）, 196（島根）
カグラザメ ………………… 6（北海道）, 65（埼玉）
カシパンウニ ……………… 16（北海道）, 45（宮城）
カタベガイ …………………………………… 210（高知）
甲冑魚の鰭 …………………………………… 25（岩手）
カナクギノキ ………………………………… 239（大分）
カニ類 …… 64, 66, 67（埼玉）, 84（千葉）, 185（京都），
　　　　　　　　　　　　217（高知）, 237（宮崎）
カニの爪 ………… 127（福井）, 155（兵庫）, 197（岡山）
カニモリガイ ………………………………… 143（石川）
カミオニシキガイ …………………………… 184（京都）
カミフスマガイ ……………………………… 202（高知）
カメホウズキチョウチンガイ ……………… 58（秋田）
カラスガイ …………………………………… 189（滋賀）
カラフデガイ ………………………………… 216（高知）
カルカロドン・カルカリアス… 57（福島）, 219, 220（高知）
カルカロドン・メガロドン … 69, 71（千葉）, 178（三重）
カンスガイ ……………………………………… 71（千葉）
ガンセキボラモドキ ………………………… 117（富山）
キカイヒヨク ………………………………… 233（宮崎）
鰭脚類の大腿骨 ……………………………… 181（三重）
鰭脚類の歯 ………………… 50（宮城）, 57（福島）
キサゴの類 ………………… 56（福島）, 85（千葉）
キタサンショウウニ ………………………… 138（石川）
キヌガサガイ ………………………………… 210（高知）
キヌザルガイ …………………………………… 77（千葉）
キヌタアゲマキ ………………………………… 73（茨城）
キバウミニナ ………………………………… 213（高知）
キマトシリス …………………………………… 24（岩手）
キムラホタテの一種 ………………………… 158（福井）
ギャランチアナ ……………………………… 38（宮城）
魚鱗 ………… 10（北海道）, 40（岩手）, 64（埼玉），
　　　　　　　　　116（新潟）, 155（兵庫）
魚類 …………………………………………… 116（新潟）
魚類の脊椎 ………………… 46（宮城）, 177（三重）
魚類の歯 ……………………………………… 64（埼玉）
キララガイ ………… 59（秋田）, 136（石川）, 158（福井），
　　　　　　　　　　　162（滋賀）
キリガイダマシ科の一種 …………………… 56（福島）
ギンゴイテス ………………………………… 110（福井）
クサイロギンエビス ➡ コガネエビス
クサリサンゴ ………………………………… 23（岩手）
クダマキガイの一種 ………………………… 209（高知）
クチバシチョウチンガイ … 40（宮城）, 58（秋田）
クヌギの仲間 ………………………………… 115（新潟）
クマシデの仲間 ……………………………… 114（長野）

クモヒトデ …………………………………… 177（三重）
グラマトドン ➡ ナノナビス
クラミス ………… 45（宮城）, 87（千葉）, 123（岐阜），
　　　　　　　　130（長野）, 148（福井）, 184（京都）
クリガニ科の一種 …………………………… 66（埼玉）
クルミの堅果 ……………… 161, 186（滋賀）
クレトラムナ ………………………………… 12（北海道）
クロアワビ …………………………………… 81（千葉）
クロダイ ……………………………………… 191（京都）
グロブラリア ………………………………… 154（大阪）
鯨類の耳骨 …………………………………… 49（宮城）
鯨類の脊椎 … 49（宮城）, 70（千葉）, 179, 180（三重）
鯨類の歯 ……………………………………… 57（福島）
ケヤキ …………… 114（長野）, 115（新潟）, 240（大分）
ケルネリテス ………………………………… 36（宮城）
ゲンロクソデガイ ………… 125（岐阜）, 184（京都）
コウダカスカシガイ ………………………… 56（福島）
ゴードリセラス ……………… 7（北海道）, 225（熊本）
コガネエビス …………………………………… 78（千葉）
コシダカガンダラ …………………………… 215（高知）
コシバニシキ ………………………………… 53（福島）
コッファティア ……………………………… 106（福井）
コナラ ………………………………………… 115（新潟）
コナルトボラ ……………… 78（千葉）, 213（高知）
ゴニアタイト ………………………………… 26（岩手）
コニュラリア ………………………………… 96（新潟）
コノカルディウム …………………………… 95（新潟）
コビワコカタバリタニシ …………………… 186（滋賀）
コベルトフネガイ …………………………… 54（福島）
コルンバイテス ……………………………… 33（宮城）
コロモガイ …………………………………… 208（高知）
コンゴウボラ ………………………………… 208（高知）

## 【サ行】

材化石 ………………………………………… 6（北海道）
サイシュウキリガイダマシ ………………… 138（石川）
サクラの仲間 ………………………………… 239（大分）
ササノハガイ ………………………………… 189（滋賀）
サツマアカガイ ……………………………… 202（高知）
サブコルンバイテス ……………… 32, 34（宮城）
サメの脊椎 ………………… 47, 48（宮城）, 119（富山）
サメの歯 …………… 12（北海道）, 37（宮城）, 119（富山）
サルアワビ …………………………………… 80（千葉）
ザルガイ …………………… 139（石川）, 204（高知）
サンゴの一種 ………………………………… 86（千葉）
サンショウウニ …… 74（茨城）, 83（千葉）, 218（高知）
サンドパイプ ………………………………… 155（兵庫）
シガラミサルボウ …………………………… 130（長野）
シキシマヨウラク …………………………… 216（高知）
シコロエガイ ………………………………… 59（秋田）

付録 5 化石名索引

267

| | |
|---|---|
| 四射サンゴ ……………… 90（岐阜），93（福井） | チョウチンホウズキの一種 …………… 83（千葉） |
| シゾダス ……………………………… 98（岐阜） | 直角石 ………………………………… 26（岩手） |
| シダ類の一種 ………………………… 109（福井） | ツキガイの一種 ……………………… 98（岐阜） |
| シドロガイ …………………………… 212（高知） | ツキガイモドキ ……… 17（北海道），52, 53（福島）, |
| シナノホタテ ………………………… 129（長野） | 　　　　　　　　　　　　　　　　164（滋賀） |
| シマキンギョガイ ……………………… 76（千葉） | ツキヒガイの一種 ……… 105（福井），154（大阪）, |
| シマミクリガイ ……………………… 207（高知） | 　　　　　　　　　　　　　　　　227（熊本） |
| シャコ ………………………………… 161（滋賀） | ツツガキ ……………………………… 200（高知） |
| シャジク ……………………………… 209（高知） | ツノガイ ……… 85（千葉），104（岐阜），160（福井）, |
| ジャポニテス …………………………… 36（宮城） | 　　　　　　　　　217（高知），237（宮崎） |
| シュードノイケニセラス ……………… 106（福井） | ツノキフデ …………………………… 79（千葉） |
| シュードパボナ ………………………… 95（新潟） | ツノザメ ……………… 10（北海道），228（熊本） |
| シュードフィリップシア ……… 30（岩手），104（岐阜） | ツメタガイ …… 131（静岡），142（石川），206（高知） |
| シュードペリシテス …………………… 153（大阪） | ツヤガラス …………… 137（石川），235（宮崎） |
| シロモジ ……………………………… 231（長崎） | ツリテラ ……… 16（北海道），56（福島），61（秋田）, |
| スイショウガイ科の一種 ……………… 212（高知） | 　　　　　　138（石川），161, 169（滋賀）, |
| スカシガイの一種 ……………………… 43（宮城） | 　　　　　　182（和歌山），183（三重） |
| スグウネトクサガイ …………………… 211（高知） | ツリテラ・サガイ …………… 125（岐阜），170（滋賀） |
| スズキサルボウ ……………………… 203（高知） | ディディモセラス ……………………… 157（兵庫） |
| スダレモシオ ………………………… 141（石川） | テングニシ …………………………… 143（石川） |
| スチョウジガイ ……………………… 198（高知） | トウキョウホタテ ……………………… 60（秋田） |
| スッポン ……………………………… 190（滋賀） | トガサワラの毬果 …………………… 173（滋賀） |
| ステインマネラ ➡ ヤーディア | トキワガイ …………………………… 214（高知） |
| スナゴスエモノガイ …………………… 203（高知） | トクナガホタテ ……………………… 132（富山） |
| セコイアの毬果 ……………………… 12（北海道） | トサツマベニガイ …………………… 204（高知） |
| セタシジミ …………………………… 190（滋賀） | トサペクテン ………………………… 148（福井） |
| センスガイ …………… 198（高知），232（宮崎） | トビエイ …… 72（千葉），185, 191（京都），221（高知） |
| ソデガイの仲間 ……………………… 113（長野） | トラキドミア・コニカ ………………… 103（岐阜） |
| ソテツの仲間 ………………………… 108（福井） | トラキドミア・ノドーサ ……………… 103（岐阜） |
| | トリガイ ……………… 140（石川），204（高知） |
| 【タ行】 | トリゴニア …………………………… 112（長野） |
| ダイニチサトウガイ …………………… 234（宮崎） | |
| ダイニチバイ ………………………… 207（高知） | 【ナ行】 |
| ダイニチフミガイ …………… 205（高知），233（宮崎） | ナガサルボウ ………………………… 137（石川） |
| タイノセラス …………………………… 29（岩手） | ナガタニシ …………………………… 190（滋賀） |
| タイの歯 ……………………………… 69（千葉） | ナガニシ ……………… 87（千葉），236（宮崎） |
| タイラギガイ ………………… 205（高知），235（宮崎） | ナサバイ ……………… 131（静岡），207（高知） |
| タカナベクダマキガイ ………………… 209（高知） | ナチコプシス ………………… 101, 102（岐阜） |
| タカラガイ …………………… 87（千葉），125（岐阜） | ナチセラ ……………………………… 101（岐阜） |
| タケノコガイ科の一種 ………………… 211（高知） | ナノナビス …………… 111（長野），152（大阪） |
| タケノコカニモリ科の一種 …………… 213（高知） | ナミガイ ……………………………… 199（高知） |
| タツマキサザエ ……………………… 214（高知） | ニサタイニシキ ………………………… 43（宮城） |
| タテスジチョウチンガイ ……………… 58（秋田） | ニシキウズ科の一種 ………………… 215（高知） |
| タテスジホウズキガイ ………………… 121（石川） | ニシキガイ …………… 123（岐阜），130（長野） |
| タニマサノリア ……………………… 154（大阪） | 日石サンゴ ➡ ヘリオリテス |
| タマガイ …… 18, 21（北海道），61（秋田），130（長野）, | ニッポニティス ……………………… 153（大阪） |
| 　　　　　　142（石川），171（滋賀） | ニッポノマルシア …………………… 165（滋賀） |
| タマキガイ科の一種 ………… 204（高知），234（宮崎） | ヌノメアカガイ ……………………… 203（高知） |
| タマサンゴ …………………………… 198（高知） | ヌノメアサリ ………………………… 59（秋田） |
| 単体サンゴ …………………………… 82（千葉） | ネオクリオセラス・スピンゲルム …………… 8（北海道） |

| 化石名 | ページ（産地） |
|---|---|
| ネオフィロセラス | 226（熊本） |
| ネコザメ | 72（千葉），221（高知） |
| ネジボラ | 55（福島），79（千葉） |
| ノコギリザメの吻棘 | 179（三重） |
| ノチダノドン | 13（北海道） |
| ノトビカリエラ | 120（石川） |

【ハ行】

| 化石名 | ページ（産地） |
|---|---|
| バイ | 142（石川） |
| ハイファントセラス | 10（北海道） |
| ハウエリセラス | 9（北海道） |
| バカガイ | 139（石川） |
| パキディスカス | 7（北海道），156（兵庫） |
| バキュリテス | 195（香川） |
| ハスノハカシパンウニ | 62（秋田） |
| パタジオシテス | 156（兵庫） |
| ハチノスサンゴ ➡ ファボシテス | |
| パチノペクテン・エグレギウス | 123（岐阜） |
| パトロトマリア | 101（岐阜） |
| ハナアブ | 238（大分） |
| ハナイタヤ | 140（石川） |
| ハナムシロガイ | 214（高知） |
| ハヤサカペクテン | 100（岐阜） |
| パラセラタイテス | 37（宮城） |
| パラトラキセラス | 150（福井） |
| パラレロドン | 100（岐阜） |
| ハリシテス・シスミルフィー | 193（高知） |
| ハリモミの毬果 | 67（埼玉） |
| ハロビア | 35（宮城） |
| ヒオウギガイ | 87（千葉） |
| ヒカゲノカズラ類 | 33（宮城） |
| ビカリア | 118（富山），127（福井），167, 168（滋賀），197（岡山） |
| ビカリエラ | 118（富山），127（福井） |
| ヒタチオビガイの一種 | 56（福島），212（高知） |
| ヒナガイ | 85（千葉） |
| ビノスガイ | 59（秋田） |
| ビノスガイモドキ | 202（高知） |
| ヒバリガイ ➡ モディオルス | |
| ヒメエゾボラ | 75（千葉），138（石川） |
| ヒメエゾボラモドキ | 79（千葉） |
| ヒメシャジクガイ | 209（高知） |
| ヒメショクコウラ | 215（高知） |
| ヒメトクサバイ | 207（高知） |
| ヒュウガアラレナガニシ | 207（高知） |
| ヒヨクガイ | 83（千葉），199（高知） |
| ファコプス | 25（岩手） |
| ファボシテス | 90（岐阜），92, 93（福井），194（高知），224（宮崎） |
| ファボシテス・ヒデンシス | 93（福井） |

| 化石名 | ページ（産地） |
|---|---|
| ファルシカテニポーラ | 193（高知） |
| フーディセラス | 29（岩手） |
| フクロガイ | 84（千葉），142（石川），206（高知） |
| フサモ | 238（大分） |
| フジタキリガイダマシ | 61（秋田） |
| フジツガイ科の一種 | 213（高知） |
| フジツボ | 18（北海道），122（石川），237（宮崎） |
| フスマガイ | 140（石川） |
| ブナ | 240（大分） |
| フナガタガイ | 164（滋賀） |
| フナクイムシ | 7, 11（北海道），230（長崎） |
| フネガイ科の一種 | 203（高知） |
| フミガイの一種 | 54（福島），229（長崎） |
| プラチセラス | 95（新潟） |
| プラチモルフィテス | 106（福井） |
| プロダクタス | 146（滋賀） |
| プロミチルス | 95（新潟） |
| ヘキサンカス ➡ カグラザメ | |
| ヘナタリ | 118（富山） |
| ヘミプリシテス | 72（千葉） |
| ヘリオリテス | 23（岩手），89（岐阜），91（福井），193（高知） |
| ベレムナイトの一種 | 38（宮城），39（岩手），108（福井） |
| ホオジロザメ ➡ カルカロドン・カルカリアス | |
| ホクリクホタテ | 137（石川），233（宮崎） |
| ホクロガイ | 139（石川） |
| ホソモモエボラ | 208（高知） |
| ホタテガイ | 60（秋田），99, 100（岐阜） |
| 哺乳類の歯 | 70（千葉） |
| ポリプチコセラス | 11（北海道），226（熊本） |
| ホロガイ | 214（高知） |

【マ行】

| 化石名 | ページ（産地） |
|---|---|
| マキの一種 | 110（福井） |
| マキミゾグルマガイ | 213（高知） |
| マクラガイ | 74（茨城），143（石川） |
| マダカスカラリテス・リュウ | 8（北海道） |
| マツカワガイ | 78（千葉） |
| マツ属の毬果 | 174（滋賀），222（高知） |
| マツモリツキヒ | 42, 51（宮城），132（富山） |
| マツヤマワスレ | 85（千葉），140（石川），202（高知），234（宮崎） |
| マテガイ | 125（岐阜），141（石川），165（滋賀） |
| ミクリガイ | 207（高知），236（宮崎） |
| ミズホスジボラ | 212（高知） |
| ミゾガイ | 164（滋賀） |
| ミネフジツボ | 171（滋賀） |
| ミノガイ科の一種 | 141（石川） |
| ムカシウラシマガイ | 159（福井） |
| ムカシカシカシパンウニ | 44（宮城） |

ムカシチサラガイ ················· 121（石川）
ムカシハマナツメ ················· 115（新潟）
ムカドツノガイ ··················· 144（石川）
ムシバサンゴ ····················· 82（千葉）
ムシロガイ ······················· 144（石川）
メジロザメ ······· 44（宮城），119（富山），172（滋賀），
　　　　　　　　185（京都），221（高知）
メタセコイア ····················· 114（長野）
メタセコイアの毬果 ··············· 175（滋賀）
メナイテス ······················· 5（北海道）
モクゲンジの仲間 ················· 231（長崎）
モクハチミノガイ ················· 81（千葉）
モスソガイ ······················· 85（千葉）
モディオルス ······ 137（石川），196（島根），235（宮崎）
モディオルス・チカノウイッチー ·········· 20（北海道）
モミジソデガイ ··················· 14（北海道）
モミジツキヒ ············· 199（高知），233（宮崎）

【ヤ行】
ヤーディア ······················· 156（兵庫）
ヤスリツノガイ ············ 160（福井），217（高知）
ヤベフクロガイ ··················· 68（茨城）
ユーオンファルス ················· 27（岩手）
ユーボストリコセラス ············· 13（北海道）

ユキノアシタガイ ········· 165（滋賀），184（京都），
　　　　　　　　　　　　　234（宮崎）
ユキノカサ科の一種 ··············· 62（秋田）
ユサン属の毬果 ··················· 174（滋賀）
ヨコヤマホタテ ··················· 137（石川）
ヨツアナカシパン ················· 144（石川）

【ラ行】
ラインマキ ······················· 110（福井）
リスガイ ························· 206（高知）
リヌパルス ······················· 157（兵庫）
リュウグウハゴロモガイ ··········· 183（三重）
リュウグウボタル ················· 212（高知）
リンガフィリップシア ············· 27（岩手）
リンギュラ ······················· 162（滋賀）
リンコネラ ······················· 147（福井）
レプタゴニア ····················· 26（岩手）
レプタドス ··············· 28（岩手），98（岐阜）
六射サンゴ ······················· 229（長崎）

【ワ行】
ワニの歯 ························· 172（滋賀）
腕足類 ··················· 26（岩手），147（福井）

# あとがき

ようこそ新館へ。
『産地別日本の化石800選――本でみる化石博物館』(本館)が開館してから早3年が過ぎようとしています。準備作業中も採集活動を続け、標本はどんどんと増えていきました。その数は、2002年12月31日現在で、9123点にも及びます。

また初めて訪れた産地も多く、立派な標本も次々と集まっていきました。そんなことで、早急に新館の建設を考えたわけですが、築地書館の土井社長には今回も快く建設に同意していただき、本館の開館からわずか3年で計画を達成することができました。

新館では、本館に展示されていない新しい産地(49カ所)の化石を充実させました。また、1つの産地で産出する化石をできるだけ多く展示したことが特徴でしょう。継続的に採集活動をしている人や、研究者の方々にもお役に立てるものと思っています。

産地写真や産状写真も豊富に展示し、来館者が本当に知りたいと思っていることに応えました。本館とあわせて見学することで、採集やクリーニングの技法がすべてマスターできるようになっています。

新館で展示した標本数は672点で、本館と合わせると約1500点にもなります。これだけの日本産の化石標本を一堂に見られる博物館は、この『本でみる化石博物館』以外にはないでしょう。それでも全産出種の何十分の一、いや何百分の一といった数なのです。

化石はまだまだ地中に埋もれていますが、年々採集は難しくなっています。有名な化石産地は開発などでどんどんと消滅していますし、採集を禁止する自治体や営林署も増えています。

いつも言っていることですが、化石は採集を禁止するのではなく、自治体や博物館が率先して採集すべきものです。そうしないと、開発や風化という自然現象によって、どんどんと地球上から永遠に消滅していってしまいます。今の保護政策は、「一般人や化石愛好家には採らせたくない」という考えによるものと思っています。もちろん、一部の化石愛好家のマナーの悪さもそのような政策をつくらせた一因かもしれませんが。

このような厳しい状況のなか、今後どれだけの標本を採集できるかわかりませんが、日本一の化石博物館を目指して、これからも頑張って活動していきたいと思っています。

そして、いずれは本当の化石博物館を建設して、広く皆さんに見ていただきたいと思っています。また、有名な化石産地でまだ博物館のないところ(北海道羽幌町や苫前町、宮城県気仙沼市、千葉県の房総地方や印旛沼周辺、石川県珠洲市や金沢市、福井県高浜町、大阪府南部、滋賀県土山町、三重県美里村、兵庫県淡路島、高知県安田町、長崎県芦辺町など)にも、是非とも化石博物館を建設してほしいと思いますし、私も積極的に働きかけていきたいと思っています。

最後になりましたが，今回も標本の提供や種の同定作業などでたくさんの仲間から協力をいただきました。この場をお借りして厚くお礼申し上げます。
　また，編集に四苦八苦していただいた築地書館編集部の橋本ひとみさんにも感謝いたします。

協力していただいた皆さん　（50音順）
青木靖雄
浅野照夫
足立敬一
飯村強
大平省司
小林隆男
新保建志
中川直弘
中迫義重
二宮千代美
蓮沼修
増田和彦
豆田勝彦
南野睦夫
宮崎淳一
吉田浩一
フォッサマグナミュージアム
水口自然館

2003/1/1
化石採集家　　大八木　和久

【著者紹介】

**大八木 和久**（おおやぎ かずひさ）

1950年生まれ。16年あまり勤務した滋賀県職員にピリオドをうち、以後は自由人として全国各地を旅行する日々を送る。

化石との出会いは中学生の時までさかのぼり、以後マイペースで採集活動を続ける。38年という長きにわたる採集活動から、標本の数もどんどんと増え、2002年12月末現在で9123点となる。

長年の経験を買われ、1996年から約3年間、地元滋賀県の多賀町立博物館・建設準備室に籍を置いて開設に尽力。また、2000年からは、「みなくち子どもの森自然館」の展示監修委員として展示業務に尽力。

一方、個人的にも「化石展」を何度も開催し、「化石」の教育活動にも力を注ぐ。

特に好きな種類の化石はなく、地域・時代・種類を問わず、幅広く採集活動を続けている。採集とクリーニングの技術には厳しく、「化石を生かすも殺すも採集とクリーニング、そして整理しだい」と語る。

化石コレクターでも、化石マニアでもなく、自然をこよなく愛し、自然に親しむことが本当の趣味であるという。夢は「自前の本当の化石博物館をつくること」と熱い思いを語る万年好青年。化石採集家。

現住所：滋賀県彦根市安清町2番11号

## 産地別 日本の化石650選
### 本でみる化石博物館・新館

2003年3月31日　初版発行

著者　　　大八木和久
発行者　　土井二郎
発行所　　築地書館株式会社
　　　　　東京都中央区築地7-4-4-201　〒104-0045
　　　　　TEL 03-3542-3731　FAX 03-3541-5799
　　　　　http://www.tsukiji-shokan.co.jp/
　　　　　振替 00110-5-19057
印刷・製本　株式会社シナノ
装丁　　　中垣信夫＋山本円香

©KAZUHISA OYAGI 2003 Printed in Japan
ISBN4-8067-1260-4 C0676

●大八木和久・化石の本

# 産地別日本の化石800選
## 本でみる化石博物館
3800円＋税　◉2刷

著者自身が、35年かけて採集した化石832点をオールカラーで紹介。日本のどこでどのように採れたのかがわかる、日本初、化石の産地別フィールド図鑑。採集からクリーニングまで役立つ情報を満載。

**本書の5つの特徴**
［1］フィールドで使える図鑑
［2］著者自身が採集・クリーニングした化石コレクション
［3］産地別・時代別に化石を配列
［4］採集のときに役立つ産地情報を掲載
［5］クリーニングのポイントをアドバイス(難易度つき)

# 日本全国化石採集の旅《全3巻》

化石の楽しみ方のすべてを記したエッセイ＋ガイド
全国の化石産地の情報や採集のノウハウ、整理の仕方、職人芸の域にまで達したクリーニングの方法や整形の仕方を惜しみなく伝授する。

日本全国化石採集の旅　化石が僕を呼んでいる　◉4刷
続・日本全国化石採集の旅　まだまだ化石が僕を呼んでいる
完結編　日本全国化石採集の旅　いつまでも化石が僕を呼んでいる　◉2刷
各2200円＋税

## ●日曜の地学シリーズ　地質、化石、生物、地理をコース別に紹介するガイドブック

### ① 埼玉の自然をたずねて　新訂版
堀口萬吉[監修]　1800円＋税　●2刷
【主要目次】　長瀞／皆野／飯能／中川・加須低地／高麗丘陵／比企丘陵・二ノ宮山／川本（貝化石）／岩殿丘陵／ようばけ・藤六／阿熊川（貝化石）／牛首峠／伊豆ヶ岳（フズリナ化石）／武甲山／日野沢（放散虫化石）／二子山（フズリナ化石）／両神山／中津峡／ほか

### ④ 東京の自然をたずねて　新訂版
大森昌衛[監修]　1800円＋税
【主要目次】　下町低地の自然／武蔵野台地の自然／丘陵の自然（多摩川の地層と化石・ほか）／山地の自然（化石の宝庫・五日市盆地をたずねて）／伊豆諸島の自然／東京の自然史／東京の自然スポット情報／かこみ（東京のナウマンゾウ／八王子のメタセコイア化石林／化石の探し方／ほか）

### ⑤ 群馬の自然をたずねて
野村哲[編著]　1800円＋税　●2刷
【主要目次】　平野の自然／群馬南西部の自然／吾妻川流域の自然／利根川源流域の自然／片品の自然／渡良瀬川流域の自然／群馬の火山（赤城、子持、榛名、浅間、草津白根、日光白根）
付録・群馬の自然と植物

### ⑥ 北陸の自然をたずねて
北陸の自然をたずねて編集委員会[編著]　1800円＋税
【主要目次】　●福井県：高浜／大飯／敦賀／今庄／織田／福井／三国／金津・加賀／和泉村●石川県：白山／白峰・尾口／金沢／押水／羽咋／七尾／能登金剛／能登外浦／能登内浦●富山県：高岡／氷見／富山／八尾／神通峡／大山／立山／滑川／魚津／片貝川／黒部川／境川

### ⑳ 神奈川の自然をたずねて　新訂版
神奈川の自然をたずねて編集委員会[編著]　1800円＋税
【主要目次】　ランドマークタワー周辺（化石の宝庫）／横浜から大船の第四紀層／生田緑地公園周辺／観音崎と城ヶ島／三浦半島中・南部の海岸／相模野台地北部の段丘／宮ヶ瀬ダム・宮ヶ瀬湖・津久井湖／大磯海岸で化石採集／神奈川県内のサメの歯化石産地／丹沢・足柄／箱根／ほか